大学物理学习题册

高 虹 俞晓明 孙厚谦 编

U0360648

清华大学出版社
北 京

内 容 简 介

本书是与教材《大学物理学(第 3 版)》(清华大学出版社,孙厚谦等主编)配套的练习册。本书依据教材的内容对每个知识点给出难度适中的计算题或填空题,并附有解答。

本书适合作为普通高等学校理工科各专业的学生学习"大学物理"课程的辅导书,也可作为相关教师的教学参考书。

图书在版编目(CIP)数据

大学物理学习题册/高虹,俞晓明,孙厚谦编. —北京:清华大学出版社,2020.2(2025.4重印)
ISBN 978-7-302-54603-0

Ⅰ.①大…　Ⅱ.①高…　②俞…　③孙…　Ⅲ.①物理学－高等学校－习题集　Ⅳ.①O4-44

中国版本图书馆 CIP 数据核字(2020)第 002542 号

责任编辑:朱红莲
封面设计:傅瑞学
责任校对:王淑云
责任印制:刘海龙

出版发行:清华大学出版社
　　　　　网　　　址:https://www.tup.com.cn, https://www.wqxuetang.com
　　　　　地　　　址:北京清华大学学研大厦 A 座　　　　　邮　　编:100084
　　　　　社 总 机:010-83470000　　　　　　　　　　　　邮　　购:010-62786544
　　　　　投稿与读者服务:010-62776969,c-service@tup.tsinghua.edu.cn
　　　　　质量反馈:010-62772015,zhiliang@tup.tsinghua.edu.cn
印 装 者:三河市科茂嘉荣印务有限公司
经　　销:全国新华书店
开　　本:185mm×260mm　　印　张:8　　　　　字　　数:193 千字
版　　次:2020 年 2 月第 1 版　　　　　　　　　印　　次:2025 年 4 月第 13 次印刷
定　　价:25.00 元

产品编号:086381-01

前　言

　　本书是与教材《大学物理学(第 3 版)》(清华大学出版社,孙厚谦等主编)配套的练习册。

　　在编写时,我们根据应用型本科院校的实际情况,所选习题难度适宜,并覆盖了教育部高等学校物理基础课程教学指导分委员会制订的《理工科类大学物理课程教学基本要求》的核心内容,题型为填空题和计算题。填空题着重于基本概念、基本原理、基本定律和基本公式的理解;计算题着重于应用物理知识分析问题和解决问题的能力的综合训练。题目排序与教材中知识点顺序一致。为方便学习者自查,本书给出了填空题的答案、计算题的较详细解答。这里就题型的选择做一点说明。大多数习题册还包括选择题,而盐城工学院已建成以中国大学 MOOC(慕课)为平台的大学物理在线课程,鉴于目前平台技术设置,在线课程中各类测试主要题型为选择题。我们的在线课程已包括有约 2000 道选择题。考虑到这一情况,本习题册未编入选择题。

　　本书习题是编者在长期的大学物理教学中累积的大量资料和实践经验的基础上编写的,应该对学生加深对所学物理知识的理解、掌握方法、拓展视野、培养应用理论解决实际问题的能力诸方面起到积极的作用。

　　在本书习题的选编过程中,我们参考和借鉴了许多国内的大学物理教材和辅助教材,在此我们向这些教材的作者们表示谢意。

　　由于编者水平有限,不妥之处在所难免,恳请广大读者批评指正。

编　者

2019 年 12 月

目 录

第1章　质点运动学(一)

一、　填空题

1. 速度是 _____ 对时间的一阶导数,是矢量;速率是 _____ 对时间的一阶导数,是标量。

2. 质点作直线运动,其速度与时间的关系曲线如图1所示,割线 AB 的斜率表示质点在 $t_1 \sim t_2$ 时间内的 _____;过点 A 的切线 AC 的斜率表示质点在 t_1 时刻的 _____。

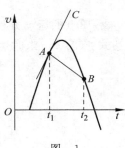

图　1

3. 质点的运动方程为 $x = (4.5t^2 - 2t^3)$ m,则其在第 1 s 内的位移为 _____ m。

4. 如图 2 所示,质点作半径为 R 的匀速率圆周运动,从点 $A(R,0)$ 运动到点 $B(0,R)$。在该过程中,质点的位移 $\Delta \boldsymbol{r} =$ _____ (矢量表达式)。

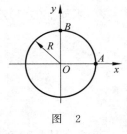

图　2

5. 质点的运动方程为 $\boldsymbol{r} = (t\boldsymbol{i} + 2t^3\boldsymbol{j})$ m,则 1~3 s 内的平均速度 $\bar{\boldsymbol{v}} =$ _____ m/s;平均加速度 $\bar{\boldsymbol{a}} =$ _____ m/s²。

6. 质点的运动方程为 $\boldsymbol{r} = a\cos\omega t\boldsymbol{i} + b\sin\omega t\boldsymbol{j}$,式中 a、b 和 ω 均是正常数,则该质点的轨迹方程为 _____;加速度为 $\boldsymbol{a} =$ _____。

7. 质点的运动方程为 $\boldsymbol{r} = [t\boldsymbol{i} + (8-t)\boldsymbol{j}]$ m,当质点的位矢与速度垂直时,质点的位矢 $\boldsymbol{r} =$ _____ m。

二、　计算题

1. 有一质点沿 x 轴作直线运动,运动方程为 $x(t) = (4.5t^2 - 2t^3)$ m。求质点(1)在第 2 s 内的平均速度 $\bar{v}$;(2)在第 2 s 末的速度 v;(3)在第 2 s 末的加速度 a;(4)在第 2 s 内的路程 s。

2. 质点的运动方程为 $r(t) = (6t^2 i - 2t^3 j)$ m。求质点(1)在第 2 s 内的平均速度；(2)在任意时刻的速度表达式及 $t = 2$ s 时刻的速度。

3. 质点的运动方程为 $r(t) = (t^3 i + 2t^2 j + 4k)$ m。试求质点(1)在前 3 s 内位移的矢量表达式；(2)5 s 末时速度与加速度的矢量表达式；(3)轨迹方程。

4. 质点沿 x 轴运动，已知加速度 $a = 6t$ m/s^2，当 $t = 0$ 时，速度 $v_0 = -27$ m/s，坐标 $x_0 = 0$。求质点的(1)速度 $v(t)$；(2)运动方程 $x(t)$。

5. 质点具有加速度 $a = (2i + 12t^2 j)$ m/s^2，当 $t = 0$ 时，速度 $v_0 = 0$，位矢 $r_0 = 3j$ m。求质点在任意时刻的 (1)速度的矢量表达式；(2)位矢的矢量表达式。

6. 质点沿 x 轴运动，加速度 $a = -2v^2$，当 $t = 0$ 时，质点的速度为 v_0，位置 $x_0 = 0$。求质点的速度(1)随时间 t 变化的表达式 $v(t)$；(2)随坐标 x 变化的表达式 $v(x)$。

第1章 质点运动学(二)

一、填空题

1. 切向加速度和法向加速度是_____坐标系中质点加速度的两个分量;切向加速度表示质点速度_____变化的快慢;法向加速度表示质点速度_____变化的快慢。

2. 质点作曲线运动时,加速度总是指向曲线的_____。(选"切向""凸侧"或"凹侧"填写)

3. 一质点以 $60°$ 仰角作斜上抛运动,忽略空气阻力,若质点运动轨道最高点处的曲率半径为 10 m,则抛出时的速率 $v_0 =$ _____ m/s。(重力加速度 g 取 10 m/s^2)

4. 质点沿如图1所示的曲线 s 运动,已知在点 P 的速度 $\boldsymbol{v}$ 与加速度 $\boldsymbol{a}$ 的夹角为 α,则此时切向加速度分量 $a_t =$ _____;法向加速度分量 $a_n =$ _____;轨迹的曲率半径 $\rho =$ _____。

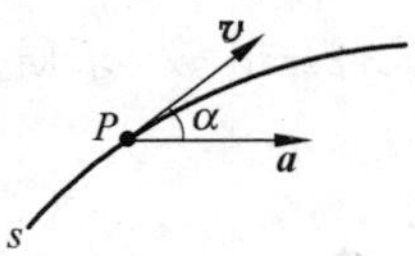

5. 质点运动时,若 $a_t \neq 0, a_n \equiv 0$,则质点作_____运动;若 $a_t \equiv 0, a_n \neq 0$,则质点作_____运动;若 $a_t \equiv 0, a_n \equiv 0, v \neq 0$,则质点作_____运动。

图 1

6. 质点 A 相对于参照系 K 的速度为 $\boldsymbol{v}_{AK}$,相对于参照系 K' 的速度为 $\boldsymbol{v}_{AK'}$,参照系 K' 相对于参照系 K 速度为 $\boldsymbol{v}_{K'K}$,则有 $\boldsymbol{v}_{AK} =$ _____。

二、计算题

1. 质点沿半径 $R = 0.5$ m 的圆作圆周运动,其运动方程 $\theta = (2 + t^2)$ rad。求:(1)任意时刻 t,质点法向加速度、切向加速度和加速度的大小的表达式;(2)当法向加速度的大小正好是加速度大小的一半时,角坐标 θ 的值。

2. 质点的运动方程为 $\boldsymbol{r} = (10\cos5t\boldsymbol{i} + 10\sin5t\boldsymbol{j})$ m。求:(1)质点的轨迹方程;(2)速度的矢量表达式 $\boldsymbol{v}(t)$ 和速率 v;(3)加速度的矢量表达式 $\boldsymbol{a}(t)$ 和大小 a,切向加速度的大小 a_t 和法向加速度的大小 a_n。

3. 质点沿半径 $R = 10$ m 的圆作圆周运动,其角加速度 $\alpha = \pi$ rad/s^2。若质点由静止开始运动,求质点在 1 s 末的(1)角速度、法向加速度分量、切向加速度分量;(2)加速度的大小和方向。

4. 质点作圆周运动,角加速度 $\alpha = -\sin\theta$,当 $t = 0$ 时,角位置 $\theta_0 = 0$,角速度为 ω_0 且 $\omega_0 \geqslant 2$ rad/s。求质点的角速度和角位置之间的关系式 $\omega(\theta)$。

5. 质点从静止开始,作半径 $R = 3.0$ m 的圆周运动,其切向加速度分量为 $a_t = 3$ m/s^2。求:(1)质点速率表达式 $v(t)$ 和法向加速度分量表达式 $a_n(t)$;(2)当加速度 a 与切向加速度 a_t 成 $\pi/4$ 角时,质点运动所经历的时间;(3)在(2)所述时间内,质点所经过的路程。

参 考 解 答

质点运动学（一）

一、填空题

1. 位矢；路程

2. 平均加速度；加速度

3. 2.5

4. $R(\boldsymbol{j}-\boldsymbol{i})$

5. $\boldsymbol{i}+26\boldsymbol{j}$；$24\boldsymbol{j}$

6. $\dfrac{x^2}{a^2}+\dfrac{y^2}{b^2}=1$；$-\omega^2\boldsymbol{r}$ 或 $-\omega^2(a\cos\omega t\boldsymbol{i}+b\sin\omega t\boldsymbol{j})$

7. $4\boldsymbol{i}+4\boldsymbol{j}$

二、计算题

1. **解**　（1）$x(1)=2.5$ m，$x(2)=2$ m，$\bar{v}=\dfrac{\Delta x}{\Delta t}=\dfrac{2-2.5}{2-1}$ m/s$=-0.5$ m/s。

（2）$v=(9t-6t^2)$ m/s，$v(2)=-6$ m/s。

（3）$a=(9-12t)$ m/s^2，$a(2)=-15$ m/s^2。

（4）令 $v=9t-6t^2=0$，得 $t=1.5$ s，$v=0$，此时质点速度改变方向，由正变为负，质点到达距原点最远处，$x(1.5)=3.375$ m。第 2 s 内质点的路程为

$$s=|x(1.5)-x(1)|+|x(1.5)-x(2)|=0.875\text{ m}+1.375\text{ m}=2.25\text{ m}。$$

2. **解**　（1）$\boldsymbol{r}(1)=(6\boldsymbol{i}-2\boldsymbol{j})$ m，$\boldsymbol{r}(2)=(24\boldsymbol{i}-16\boldsymbol{j})$ m

$\Delta\boldsymbol{r}=(24\boldsymbol{i}-16\boldsymbol{j})-(6\boldsymbol{i}-2\boldsymbol{j})=(18\boldsymbol{i}-14\boldsymbol{j})$ m，

$$\bar{\boldsymbol{v}}=\frac{\Delta\boldsymbol{r}}{\Delta t}=\frac{18\boldsymbol{i}-14\boldsymbol{j}}{2-1}\text{ m/s}=(18\boldsymbol{i}-14\boldsymbol{j})\text{ m/s}$$

（2）$\boldsymbol{v}=\dfrac{\mathrm{d}\boldsymbol{r}}{\mathrm{d}t}=(12t\boldsymbol{i}-6t^2\boldsymbol{j})$ m/s，$\boldsymbol{v}(2)=(24\boldsymbol{i}-24\boldsymbol{j})$ m/s

3. **解**　（1）$\boldsymbol{r}(0)=4\boldsymbol{k}$ m，$\boldsymbol{r}(3)=(27\boldsymbol{i}+18\boldsymbol{j}+4\boldsymbol{k})$ m，$\Delta\boldsymbol{r}=(27\boldsymbol{i}+18\boldsymbol{j})$ m

（2）$\boldsymbol{v}(t)=\dfrac{\mathrm{d}\boldsymbol{r}}{\mathrm{d}t}=(3t^2\boldsymbol{i}+4t\boldsymbol{j})$ m/s，$\boldsymbol{v}(5)=(75\boldsymbol{i}+20\boldsymbol{j})$ m/s

$\boldsymbol{a}(t)=\dfrac{\mathrm{d}\boldsymbol{v}}{\mathrm{d}t}=(6t\boldsymbol{i}+4\boldsymbol{j})$ m/s^2，$\boldsymbol{a}(5)=(30\boldsymbol{i}+4\boldsymbol{j})$ m/s^2

（3）从运动方程的分量式 $x=t^3$，$y=2t^2$，$z=4$ 中消去 t，得 $y=2\sqrt[3]{x^2}$（$x\geqslant 0$），$z=4$，即轨迹为 $z=4$ 的平面与 $y=2\sqrt[3]{x^2}$ 的柱面的交线的 $x\geqslant 0$ 的部分，也可说成 $z=4$ 的平面内，$y=2\sqrt[3]{x^2}$ 曲线的 $x\geqslant 0$ 的部分。

4. **解** （1）由 $a = \dfrac{\mathrm{d}v}{\mathrm{d}t} = 6t$ 得

$$\mathrm{d}v = 6t\,\mathrm{d}t$$

代入初始条件，积分

$$\int_{-27}^{v} \mathrm{d}v = \int_{0}^{t} 6t\,\mathrm{d}t$$

得

$$v = (-27 + 3t^2)\ \mathrm{m/s}$$

（2）由 $v = \dfrac{\mathrm{d}x}{\mathrm{d}t} = -27 + 3t^2$ 得

$$\mathrm{d}x = (-27 + 3t^2)\,\mathrm{d}t$$

代入初始条件，积分

$$\int_{0}^{x} \mathrm{d}x = \int_{0}^{t} (-27 + 3t^2)\,\mathrm{d}t$$

得

$$x = (t^3 - 27t)\ \mathrm{m}$$

5. **解** （1）由 $\boldsymbol{a} = \dfrac{\mathrm{d}\boldsymbol{v}}{\mathrm{d}t} = 2\boldsymbol{i} + 12t^2\boldsymbol{j}$ 得

$$\mathrm{d}\boldsymbol{v} = (2\boldsymbol{i} + 12t^2\boldsymbol{j})\,\mathrm{d}t$$

代入初始条件，积分

$$\int_{0}^{\boldsymbol{v}} \mathrm{d}\boldsymbol{v} = \int_{0}^{t} (2\boldsymbol{i} + 12t^2\boldsymbol{j})\,\mathrm{d}t$$

得

$$\boldsymbol{v} = (2t\boldsymbol{i} + 4t^3\boldsymbol{j})\ \mathrm{m/s}$$

（2）由 $\boldsymbol{v} = \dfrac{\mathrm{d}\boldsymbol{r}}{\mathrm{d}t} = 2t\boldsymbol{i} + 4t^3\boldsymbol{j}$ 得

$$\mathrm{d}\boldsymbol{r} = (2t\boldsymbol{i} + 4t^3\boldsymbol{j})\,\mathrm{d}t$$

代入初始条件，积分

$$\int_{3\boldsymbol{j}}^{\boldsymbol{r}} \mathrm{d}\boldsymbol{r} = \int_{0}^{t} (2t\boldsymbol{i} + 4t^3\boldsymbol{j})\,\mathrm{d}t$$

得

$$\boldsymbol{r} = [t^2\boldsymbol{i} + (t^4 + 3)\boldsymbol{j}]\ \mathrm{m}$$

6. **解** （1）由 $a = \dfrac{\mathrm{d}v}{\mathrm{d}t} = -2v^2$ 得

$$\frac{\mathrm{d}v}{v^2} = -2\mathrm{d}t$$

代入初始条件，积分

$$\int_{v_0}^{v} \frac{\mathrm{d}v}{v^2} = \int_{0}^{t} -2\mathrm{d}t$$

得

$$v = \frac{v_0}{1 + 2v_0 t}$$

（2）由 $a = \dfrac{\mathrm{d}v}{\mathrm{d}t} = \dfrac{\mathrm{d}v}{\mathrm{d}x}\dfrac{\mathrm{d}x}{\mathrm{d}t} = \dfrac{\mathrm{d}v}{\mathrm{d}x}v = -2v^2$ 得

$$\frac{\mathrm{d}v}{v} = -2\mathrm{d}x$$

代入初始条件，积分

$$\int_{v_0}^{v}\frac{\mathrm{d}v}{v} = \int_{0}^{x} -2\mathrm{d}x$$

得

$$v = v_0 \mathrm{e}^{-2x}$$

质点运动学（二）

一、填空题

1. 自然；大小；方向

2. 凹侧

3. 20

4. $a\cos\alpha$；$a\sin\alpha$；$\dfrac{v^2}{a\sin\alpha}$

5. 变速直线；匀速率曲线；匀速直线

6. $\boldsymbol{v}_{AK'} + \boldsymbol{v}_{K'K}$

二、计算题

1. **解** （1）由 $\theta = 2 + t^2$ 得 $\omega = \dfrac{\mathrm{d}\theta}{\mathrm{d}t} = 2t$ rad/s，$\alpha = \dfrac{\mathrm{d}\omega}{\mathrm{d}t} = 2$ rad/s^2，$v = R\omega = t$ m/s，于是

$$a_{\mathrm{t}} = R\alpha = 1 \text{ m/s}^2, \quad a_{\mathrm{n}} = R\omega^2 = 2t^2 \text{ m/s}^2, \quad a = \sqrt{a_{\mathrm{t}}^2 + a_{\mathrm{n}}^2} = \sqrt{1 + 4t^4} \text{ m/s}^2$$

（2）由题意 $2t^2 = \dfrac{1}{2}\sqrt{1 + 4t^4}$，解得 $t^2 = \dfrac{\sqrt{3}}{6}$ 代入运动方程，得

$$\theta = (2 + \sqrt{3}/6) \text{ rad} = 2.29 \text{ rad}$$

2. **解** （1）从 $x = 10\cos5t$，$y = 10\sin5t$ 中消去 t，得轨迹方程

$$x^2 + y^2 = 10^2$$

即质点在 xOy 平面上作半径为 10 m 的圆周运动。

（2）
$$\boldsymbol{v}(t) = \frac{\mathrm{d}\boldsymbol{r}}{\mathrm{d}t} = 50(-\sin5t\boldsymbol{i} + \cos5t\boldsymbol{j}) \text{ m/s}$$

$$v = \sqrt{v_x^2 + v_y^2} = 50\sqrt{(-\sin5t)^2 + (\cos5t)^2} = 50 \text{ m/s}$$

质点作匀速率圆周运动。

（3）
$$\boldsymbol{a}(t) = \frac{\mathrm{d}\boldsymbol{v}}{\mathrm{d}t} = -250(\cos5t\boldsymbol{i} + \sin5t\boldsymbol{j}) \text{ m/s}^2$$

$$a = \sqrt{a_x^2 + a_y^2} = 250\sqrt{(-\cos5t)^2 + (\sin5t)^2} = 250 \text{ m/s}^2$$

$$a_{\mathrm{t}} = \frac{\mathrm{d}v}{\mathrm{d}t} = 0 \text{ m/s}^2, \quad a_{\mathrm{n}} = \frac{v^2}{R} = 250 \text{ m/s}^2$$

3. **解** （1）由 $\alpha = \dfrac{\mathrm{d}\omega}{\mathrm{d}t} = \pi$ 得

$$\mathrm{d}\omega = \pi \mathrm{d}t$$

代入初始条件，积分

$$\int_0^\omega \mathrm{d}\omega = \int_0^1 \pi \mathrm{d}t$$

得

$$\omega = \pi \ \mathrm{rad/s}$$

$$a_n = R\omega^2 = 10\pi^2 \ \mathrm{m/s^2}, \quad a_t = R\alpha = 10\pi \ \mathrm{m/s^2}$$

（2）
$$a = \sqrt{a_n^2 + a_t^2} = 10\pi\sqrt{\pi^2 + 1} \ \mathrm{m/s^2}$$

$\boldsymbol{a}$ 与 $\boldsymbol{a}_t$ 夹角 θ 满足

$$\tan\theta = \frac{a_n}{a_t} = \pi$$

即
$$\theta = \arctan\pi$$

4. **解** 由 $\alpha = \dfrac{\mathrm{d}\omega}{\mathrm{d}t} = \dfrac{\mathrm{d}\omega}{\mathrm{d}\theta}\dfrac{\mathrm{d}\theta}{\mathrm{d}t} = \omega\dfrac{\mathrm{d}\omega}{\mathrm{d}\theta} = -\sin\theta$ 得

$$\omega\mathrm{d}\omega = -\sin\theta\mathrm{d}\theta$$

代入初始条件，积分

$$\int_{\omega_0}^\omega \omega\mathrm{d}\omega = \int_0^\theta -\sin\theta\mathrm{d}\theta$$

整理得

$$\omega = \sqrt{\omega_0^2 + 2(\cos\theta - 1)}$$

5. **解** 由题意知，$t = 0, v_0 = 0$，

（1）由 $a_t = \dfrac{\mathrm{d}v}{\mathrm{d}t} = 3$ 得

$$\mathrm{d}v = 3\mathrm{d}t$$

代入初始条件，积分

$$\int_0^v \mathrm{d}v = \int_0^t 3\mathrm{d}t$$

得

$$v = 3t \ \mathrm{m/s}, \quad a_n = \frac{v^2}{R} = 3t^2 \ \mathrm{m/s^2}$$

（2）当质点的加速度 $\boldsymbol{a}$ 与切向加速度 $\boldsymbol{a}_t$ 成 $\pi/4$ 角时，$a_t = a_n$，即 $3 = 3t^2$，$t = 1 \ \mathrm{s}$。

（3）由 $v = \dfrac{\mathrm{d}s}{\mathrm{d}t} = 3t$ 得

$$\mathrm{d}s = 3t\mathrm{d}t$$

代入初始条件，积分

$$\int_0^s \mathrm{d}s = \int_0^1 3t\mathrm{d}t$$

得

$$s = \frac{3}{2} \ \mathrm{m}$$

第 2 章　质点动力学(一)

一、填空题

1. 质量 $m=2$ kg 的质点的运动方程为 $r=[(6t^2-1)i+(3t^2+3t-1)j]$ m,则该质点所受的力 $F=$ _____ N。

2. 质量为 m 的质点在 $t=0$ 时,从坐标原点开始沿 Ox 轴运动,$v=A\cos\omega t$,其中 A、ω 均为正常数。质点的运动方程 $x(t)=$ _____;作用在质点上的力 $F(t)=$ _____;$F(x)=$ _____。

3. 质量为 m 的质点在 xOy 平面内运动,其运动方程为 $r=A\cos\omega t i+B\sin\omega t j$,式中 A、B 和 ω 均为正常数,则任一时刻,质点的动量 $p=$ _____。

4. 如图 1 所示,质量为 m 的质点以速率 v 绕坐标原点 O 沿逆时针方向作半径为 R 的匀速率圆周运动,从点 $A(R,0)$ 运动到点 $B(0,R)$。这一过程中动量的变化 $\Delta p=$ _____。

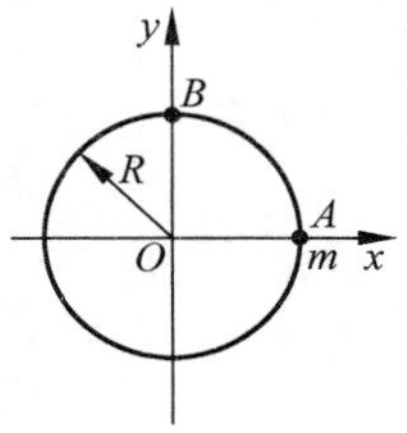

5. 某物体从 $t=0$ 起,在沿 x 轴方向的力 $F=(3+4t)$ N 的作用下运动了 3 s,则作用力的冲量为 _____ N·s。

6. 系统内质点间相互作用的内力之矢量和为 _____。

7. 动量定理 $I=\Delta P$ 表明物体所受合力的冲量总等于物体始、末状态 _____ 的增量。

8. 当质点系所受的合外力为零时,该系统的 _____ 保持不变。

9. 两相同的小球分别固结于一根刚性轻杆的两端。将该系统斜向抛出,杆的中点将作 _____ 运动。

图　1

二、计算题

1. 质量为 m 的粒子在力 $F=f_0 t$ 的作用下沿 x 轴运动,f_0 为常数。设 $t=0$ 时,速度为 v_0,位置为 x_0。求粒子的(1)速度表达式 $v(t)$;(2)运动方程 $x(t)$。

2. 质量为 m 的质点在力 $F = F_0 \cos\omega t$ 的作用下沿 x 轴运动，F_0、ω 为常数。当 $t = 0$ 时，质点的位置为 x_0，速度 v_0 为 0。求质点的(1)速度表达式 $v(t)$；(2)运动方程 $x(t)$。

3. 质量为 m 的物体在液体中由静止下落，该液体对物体的阻力为 $f = -kv$，式中 k 为正常量，负号表示阻力与速度方向相反。推导物体任意时刻的速度表达式 $v(t)$。

4. 质量 $m = 10$ kg 的物体在水平面上受到沿 x 轴方向的拉力 $F = 10t^2$ N 作用。设 $t = 0$ 时，$v_0 = 0$，物体与水平面间的静摩擦系数和滑动摩擦系数相等，为 $\mu = 0.1$。求第 2 s 末物体的速度。（重力加速度 g 取 10 m/s²）

第 2 章　质点动力学(二)

一、　填空题

1. 质点在几个作用力下的位移 $\Delta r = (4i - 5j + 6k)$ m,其中一个力为恒力 $F = (-3i - 5j + 9k)$ N,则这个力在此位移过程中所做的功为_____ J。

2. 一个力 F 作用在质量为 1.0 kg 的质点上,使之沿 x 轴运动。已知此力作用下质点的运动方程为 $x = (3t - 4t^2 + t^3)$ m。在 $0 \sim 4$ s 的时间间隔内,力 F 对质点的冲量为_____ N·s,力 F 对质点所做的功为_____ J。

3. 具有对物体做的功只与物体始、末位置有关,而与所经历的路径无关的性质的力称做_____。

4. 物体沿任意闭合路径运动一周,保守力 F 所做的功 $\oint_L F \cdot dr =$ _____。

5. 保守力所做的功 W 与相应势能的增量 ΔE_p 的关系是 $W =$ _____。

6. 一弹簧悬挂质量为 2 kg 的砝码时伸长 4.9 cm,如要将该弹簧拉长 9.8 cm,则需对它做功_____ J。

7. 内力_____改变质点系统的动能,_____改变质点系统的动量。(两空均选"能""不能"填写)

8. 地球半径为 R_E、质量为 M_E,万有引力常数为 G。一颗质量为 m 的陨石从可视为无穷远的外空落到地球上,则引力所做的功为_____。

9. 如图 1 所示,质量为 m 的物体系在细绳的一端,绳的另一端跨过不计重量的定滑轮与劲度系数为 k 的轻弹簧相连。起初物体被托住且弹簧无伸长,然后撤去托力,在下降了 h 的过程中,弹性力做的功为_____；对物体、弹簧、滑轮组成的系统,取开始时系统为零势能,在下降 h 时,系统的弹性势能为_____。

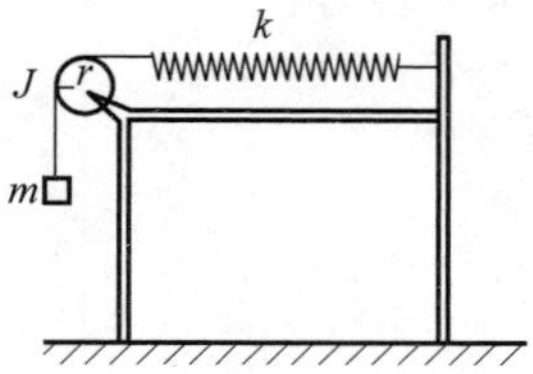

图　1

二、　计算题

1. 质量 $m = 0.5$ kg 的质点在 xOy 平面内运动,运动方程为 $r = [(2t + 2t^2)i + 3tj]$ m。求在 $t = 0$ 至 $t = 3$ s 这段时间内,合力对质点所做的功。

2. 质量为 $m=10$ kg 的物体在力 $F=3+4x$ 的作用下沿 x 轴运动。设 $t=0$ 时,物体位于原点,速度为 2 m/s。求物体(1)在坐标 x 处的加速度;(2)速度与坐标的关系式 $v(x)$。

3. 质点在 $F=F_0 e^{-kx}$ 的作用下沿 x 轴运动,F_0、k 均为正常量。若质点在 $x=0$ 处的速度为 0,求:(1)当质点从原点运动到 x 处时,力 F 对其所做的功;(2)质点所能达到的最大动能。

4. 如图 2 所示,劲度系数为 k 的轻弹簧水平放置,左端固定,右端系一质量为 m 的物体,物体与水平面间的滑动摩擦系数为 μ_k。开始时,弹簧不伸长,现以大于物体与水平面间的最大静摩擦力的水平恒力 F 将物体自平衡位置开始向右拉动。求系统的最大弹性势能。

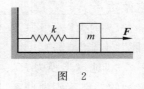

图 2

5. 如图 3 所示,长为 l、质量为 m 的均匀柔软链条,一段平放在光滑的水平桌面上,长度为 x_0 的另一段穿过水平桌面上的光滑小孔 O 下垂。设初始时链条静止,链条与桌边的摩擦不计。求整个链条脱离桌面时的速度。

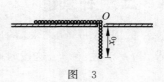

图 3

参考解答

质点动力学（一）

一、填空题

1. $24\boldsymbol{i}+12\boldsymbol{j}$

2. $\dfrac{A}{\omega}\sin\omega t$；$-m\omega A\sin\omega t$；$-m\omega^2 x$

3. $-mA\omega\sin\omega t\boldsymbol{i}+mB\omega\cos\omega t\boldsymbol{j}$

4. $-mv(\boldsymbol{i}+\boldsymbol{j})$

5. 27

6. 0

7. 动量

8. 动量

9. 抛体

二、计算题

1. **解**　（1）$a=\dfrac{F}{m}=\dfrac{f_0 t}{m}$，由 $a=\dfrac{\mathrm{d}v}{\mathrm{d}t}$ 得

$$\mathrm{d}v=\frac{f_0}{m}t\,\mathrm{d}t$$

代入初始条件，积分

$$\int_{v_0}^{v}\mathrm{d}v=\int_{0}^{t}\frac{f_0}{m}t\,\mathrm{d}t$$

得

$$v=v_0+\frac{1}{2}\frac{f_0}{m}t^2$$

（2）由 $v=\dfrac{\mathrm{d}x}{\mathrm{d}t}$ 得

$$\mathrm{d}x=\left(v_0+\frac{1}{2}\frac{f_0}{m}t^2\right)\mathrm{d}t$$

代入初始条件，积分

$$\int_{x_0}^{x}\mathrm{d}x=\int_{0}^{t}\left(v_0+\frac{1}{2}\frac{f_0}{m}t^2\right)\mathrm{d}t$$

得运动方程

$$x=x_0+v_0 t+\frac{1}{6}\frac{f_0}{m}t^3$$

2. **解** （1）$a = \dfrac{F}{m} = \dfrac{F_0 \cos\omega t}{m}$，由 $a = \dfrac{\mathrm{d}v}{\mathrm{d}t}$ 得

$$\mathrm{d}v = \frac{F_0 \cos\omega t}{m}\mathrm{d}t$$

代入初始条件，积分

$$\int_0^v \mathrm{d}v = \int_0^t \frac{F_0 \cos\omega t}{m}\mathrm{d}t$$

得

$$v = \frac{F_0}{m\omega}\sin\omega t$$

（2）由 $v = \dfrac{\mathrm{d}x}{\mathrm{d}t}$ 得

$$\mathrm{d}x = \frac{F_0}{m\omega}\sin\omega t\,\mathrm{d}t$$

代入初始条件，积分

$$\int_{x_0}^x \mathrm{d}x = \int_0^t \frac{F_0}{m\omega}\sin\omega t\,\mathrm{d}t$$

得

$$x = x_0 + \frac{F_0}{m\omega^2}(1 - \cos\omega t)$$

3. **解** 物体受两个力的作用：重力 G 竖直向下，阻力 f 竖直向上。小球作直线运动，取向下的方向为正方向，根据牛顿第二定律，有

$$mg - kv = m\frac{\mathrm{d}v}{\mathrm{d}t}$$

变形得

$$\frac{\mathrm{d}v}{mg - kv} = \frac{\mathrm{d}t}{m}$$

应用初始条件 $t = 0$，$v_0 = 0$，积分

$$\int_0^v \frac{\mathrm{d}v}{mg - kv} = \int_0^t \frac{\mathrm{d}t}{m}$$

得

$$v = \frac{mg}{k}(1 - \mathrm{e}^{-\frac{k}{m}t})$$

4. **解** 最大静摩擦力 $f = \mu mg = 0.1 \times 10\ \mathrm{kg} \times 10\ \mathrm{m/s^2} = 10\ \mathrm{N}$，由此可知，物体在前 1 s 内受到的拉力不足以克服最大摩擦力，拉力等于静摩擦力，合力始终为零，处于静止状态，1 s 之后物体才开始运动。开始运动后物体受力

$$F_合 = F - f = 10t^2 - 10$$

$F_合$ 在第 2 s 内的冲量

$$I = \int_1^2 F_合\,\mathrm{d}t = \int_1^2 (10t^2 - 10)\mathrm{d}t = \frac{40}{3}\ \mathrm{N} \cdot \mathrm{s}$$

根据质点的动量定理 $mv - 0 = I$，得

$$v = \frac{I}{m} = \frac{40}{3 \times 10} \text{ m/s} = \frac{4}{3} \text{ m/s}$$

质点动力学（二）

一、填空题

1. 67
2. 16；176
3. 保守力
4. 0
5. $-\Delta E_p$
6. 1.92
7. 能；不能
8. $\dfrac{GM_E m}{R_E}$
9. $-\dfrac{1}{2}kh^2$；$\dfrac{1}{2}kh^2$

二、计算题

1. **解** 由运动方程 $\boldsymbol{r} = [(2t + 2t^2)\boldsymbol{i} + 3t\boldsymbol{j}]$ m，得

$$\boldsymbol{v} = \frac{\mathrm{d}\boldsymbol{r}}{\mathrm{d}t} = [(2 + 4t)\boldsymbol{i} + 3\boldsymbol{j}] \text{ m/s}$$

$$\boldsymbol{v}(0) = (2\boldsymbol{i} + 3\boldsymbol{j}) \text{ m/s}, \boldsymbol{v}(3) = (14\boldsymbol{i} + 3\boldsymbol{j}) \text{ m/s}$$

$$v^2(0) = 13, v^2(3) = 205$$

由动能定理得力做的功

$$W = \frac{1}{2}mv^2(3) - \frac{1}{2}mv^2(0) = 48 \text{ J}$$

2. **解** （1）由 $F = ma$ 得

$$a = \frac{F}{m} = \frac{3 + 4x}{10}$$

（2）

$$W = \int_0^x F \mathrm{d}x = \int_0^x (3 + 4x) \mathrm{d}x = 3x + 2x^2$$

由质点动能定理得 $\dfrac{1}{2}mv^2 - \dfrac{1}{2}mv_0^2 = W$，得 $v^2 = v_0^2 + \dfrac{2W}{m} = 4 + \dfrac{3}{5}x + \dfrac{2}{5}x^2$，即

$$v = \sqrt{4 + \frac{3}{5}x + \frac{2}{5}x^2}$$

3. **解** （1）

$$W = \int_0^x F \mathrm{d}x = \int_0^x F_0 \mathrm{e}^{-kx} \mathrm{d}x = \frac{F_0}{k}(1 - \mathrm{e}^{-kx})$$

（2）由 W 的表达式可知，当 $x \to \infty$ 时，W 达最大值 $\dfrac{F_0}{k}$。由动能定理 $E_k - E_{k0} = W$ 及

$E_{k0}=0$，知物体动能最大值为 $E_k=\dfrac{F_0}{k}$。

4. **解** 取物体和弹簧组成的系统为研究对象。起初系统的机械能为零，即 $E_0=0$；当物体速度为零时，弹簧伸长最大，设为 x，弹性势能最大，$E=\dfrac{1}{2}kx^2$。运动过程中 F 的功为 Fx、摩擦力的功为 $-fx$，$f=\mu_k mg$。由功能原理得

$$Fx+(-fx)=\dfrac{1}{2}kx^2$$

解得

$$x=\dfrac{2(F-\mu_k mg)}{k}$$

弹簧的最大弹性势能

$$E_p=\dfrac{1}{2}kx^2=\dfrac{2(F-\mu_k mg)^2}{k}$$

5. **解** 当悬挂部分长度为 x 时，该部分受重力为 $\dfrac{m}{l}xg$，该力对链条做功；而链条的桌面部分所受重力和支持力均不做功，链条内互相作用的张力的功的代数和为零。整个下滑过程中

$$W=\int_{x_0}^{l}\dfrac{m}{l}xg\,\mathrm{d}x=\dfrac{mg}{2l}(l^2-x_0^2)$$

由动能定理

$$\dfrac{1}{2}mv^2-\dfrac{1}{2}mv_0^2=\dfrac{mg}{2l}(l^2-x_0^2)$$

代入 $v_0=0$，得

$$v=\sqrt{\dfrac{g}{l}(l^2-x_0^2)}$$

第 3 章　刚体的定轴转动(一)

一、　填空题

1. 刚体作定轴转动时,刚体上各点具有相同的_____。(选"速度""加速度"和"角速度"填写)

2. 刚体绕定轴作匀加速转动,刚体上各质点的切向加速度的大小_____;法向加速度的大小_____。(两空均选"增大""减小"或"不变"填写)

3. 系统内质点间相互作用的内力对任一定轴的力矩的矢量和为_____。

4. 若作用于一力学系统上的合外力为零,则合外力的力矩_____为零。(选"一定""不一定"填写)

5. 如图 1 所示,在由不计质量的细杆构成的边长为 l 的正三角形的三个顶点 A、B、D 上,各固定一个质量为 m 的小球。系统对过质心 C 且与三角形平面垂直的轴的转动惯量 $J_C =$ _____;对过点 A 且与三角形平面垂直的轴的转动惯量 $J_A =$ _____。

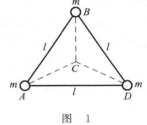

图　1

6. 长为 l、质量为 m 的匀质细杆一端固结一质量也为 m 的质点。当系统绕位于杆另一端的光滑轴 O 在竖直平面内转动时,则系统的转动惯量为_____;在杆处于水平位置时,系统所受重力矩为_____;角加速度为_____。

7. 质量为 m 的质点在 xOy 平面内运动,其运动方程为 $\boldsymbol{r} = A\cos\omega t\boldsymbol{i} + B\sin\omega t\boldsymbol{j}$,式中 A、B 和 ω 均为常数,对坐标原点 O 的角动量 $\boldsymbol{L} =$ _____。

图　2

8. 如图 2 所示,质量为 m、摆长为 l 的单摆自右侧角位置 θ_0 处由静止释放,从释放至第一次到达平衡位置的过程中,相对于点 O,小球所受的绳中张力的力矩的冲量矩的大小为_____。

9. 芭蕾舞演员开始自转时的角速度为 ω_0,转动惯量为 J,当她将手臂收回时,其转动惯量减少为 $\dfrac{1}{3}J$。在忽略所有阻力矩的情况下,角速度将变为_____。

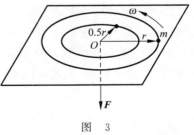

图　3

10. 如图 3 所示,光滑的水平面上有一质量为 m 的质点,拴在一根穿过圆盘中心光滑小孔 O 的轻绳上。开始时,质点离中心距离为 r,并以角速度 ω 转动。现以变力 $\boldsymbol{F}$ 向下拉绳,将质点拉至离中心 $0.5r$ 时,质点转动的角速度变为_____。

二、 计算题

1. 如图 4 所示,轻绳绕于半径 $r=0.2$ m 的飞轮边缘,飞轮相对于水平光滑轴 O 的转动惯量 $J=0.5$ kg·m²。(1)如图 4(a)所示,在绳端沿竖直向下方向施加 $F=98$ N 的拉力,求飞轮的角加速度;(2)如图 4(b)所示,若以质量 $m=10$ kg 的物体系于绳端,再计算飞轮的角加速度。(取 g 为 9.8 m/s²)

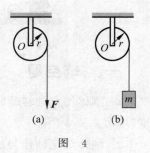

图 4

2. 如图 5 所示,飞轮绕过圆心 O 的光滑轴的转动惯量 $J=8.0$ kg·m²,制动闸瓦对轮的正压力 $F_N=392$ N,闸瓦与轮缘间的滑动摩擦系数 $\mu_k=0.4$,轮半径 $r=0.4$ m。若飞轮初始转速 $\omega_0=41.9$ rad/s,求从开始制动到静止需要的时间。

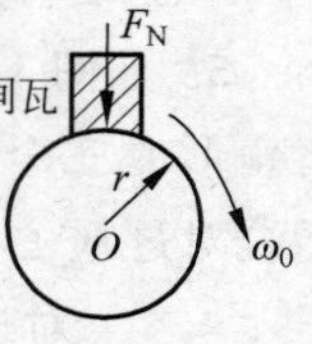

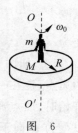

图 5

3. 转动惯量为 J 的圆盘绕固定轴转动,起初角速度为 ω_0,设它所受到的阻力矩为 $M=-k\omega$,式中 k 为正常量,负号表示阻力矩与转动角速度方向相反。求圆盘的角速度从 ω_0 变为 $\frac{1}{2}\omega_0$ 所需的时间。

4. 如图 6 所示,质量为 m 的人(视为质点)站在半径为 R、质量 $M=2m$ 的匀质水平圆台的中心,人和水平圆台组成的系统以角速度 ω_0 绕通过圆盘中心的竖直固定光滑轴 OO' 转动。如果人走到转台边缘并随转台一起转动,求人在边缘时,系统转动的角速度 ω。

图 6

第 3 章　刚体的定轴转动(二)

一、 填空题

1. 内力矩_____改变定轴转动刚体的动能。(选"能""不能"填写)

2. 如图 1 所示,在半径为 R、质量为 M 的匀质的水平圆盘边缘上有一质量为 m 的小物块,物块和圆盘一起以角速度 ω 绕过盘心的光滑竖直轴 OO' 转动,则系统的转动动能为_____。

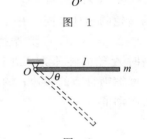

图 1

3. 某滑冰者转动的角速度原为 ω_0,转动惯量为 J,被另一滑冰者作用,角速度变为 $\omega = \sqrt{2}\omega_0$,则另一滑冰者对他施加的力矩所做的功为_____。

4. 如图 2 所示,长为 l、质量为 m 的匀质细杆可绕过端点的光滑轴 O 在竖直平面内转动。杆自水平位置由静止开始转动,在杆由水平位置转到与水平位置成 θ 角的过程中,重力矩所做的功为_____;角动量的增量的大小为_____;重力矩的冲量矩的大小为_____。

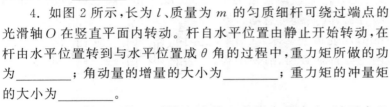

图 2

5. 有人手握哑铃,两手放在胸前坐在平台的中央,随平台以角速度 ω_0 在水平面内自由转动,此时人和转台相对于转轴的转动惯量为 J_0;当人将两手水平伸直后,转动惯量变为 $2J_0$,则在人手伸直过程中,人和平台组成的系统对转轴的角动量的增量为_____;角速度的增量为_____;转动动能的增量为_____。

6. 银河系中有一天体是均匀球体,绕其对称轴自转,由于引力凝聚的作用,体积不断收缩,则一万年以后自转周期_____;转动动能_____。(两空均选"减小""增大"填写)

二、 计算题

1. 一质量为 16 kg、半径为 0.5 m 的匀质圆盘在外力矩的作用下,绕过盘心且垂直盘面的轴转动,转动的角度按 $\theta = 2t^2$ 规律变化。求在第 2 s 内,外力矩(1)对盘的冲量矩;(2)对盘所做的功。

2. 质量为 M、半径为 R 的匀质圆盘，可绕通过中心垂直于盘面的光滑轴在水平面内转动，圆盘原来处于静止状态。现有一质量为 m、速度为 v 的子弹，沿圆周切线方向射入圆盘边缘，那么子弹嵌入圆盘后，(1)圆盘与子弹一起转动的角速度为多少？(2)圆盘和子弹系统损失的机械能为多少？

3. 工程上，两飞轮常用摩擦啮合器使它们以相同的转速一起转动，如图 3 所示，A 和 B 两飞轮的轴杆在同一中心线上，A 轮的转动惯量为 $J_A = 10 \text{ kg} \cdot \text{m}^2$，$B$ 轮的转动惯量为 $J_B = 20 \text{ kg} \cdot \text{m}^2$，$C$ 为摩擦啮合器，其质量可忽略。开始时 A 轮的转速为 600 r/min，B 轮静止。求：(1)两轮摩擦啮合后的转速；(2)两轮摩擦啮合前、后系统损失的动能。

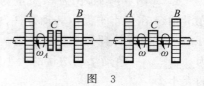

图 3

4. 如图 4 所示，长为 l、质量为 m 的匀质细杆竖直放置，其下端与一固定铰链 O 相连，并可绕其无摩擦地转动。求当此杆受到微小扰动后，在重力作用下由静止开始绕 O 点转动到水平方向时的角速度。

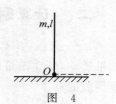

图 4

5. 如图 5 所示,质量为 m、长为 l 的匀质细杆可绕垂直于杆端的 O 轴无摩擦地转动。求杆从水平位置由静止开始转动到与水平位置成 θ 角时的角速度。

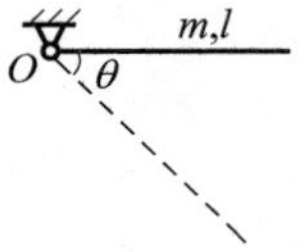

图　5

6. 如图 6 所示,长为 l、质量为 M 的匀质木杆挂在光滑的水平轴 O 上,开始时杆静止于竖直位置,现有一粒质量为 m 的子弹以水平速度 $\boldsymbol{v}_0$ 射入杆的末端且未穿出。求木杆(含子弹)(1)开始转动时的角速度;(2)最大摆角。

图　6

参考解答

刚体的定轴转动（一）

一、填空题

1. 角速度

2. 不变；增大

3. 0

4. 不一定

5. ml^2；$2ml^2$

6. $\dfrac{4}{3}ml^2$；$\dfrac{3}{2}mgl$；$\dfrac{9g}{8l}$

7. $ABm\omega\boldsymbol{k}$

8. 0

9. $3\omega_0$

10. 4ω

二、计算题

1. 解　(1) $\alpha = \dfrac{M}{J} = \dfrac{Fr}{J} = 39.2 \text{ rad/s}^2$

(2) 物体与飞轮受力如解用图 1 所示，飞轮所受重力和轴处约束力（未画出）均通过轴，不产生力矩，同时轴处光滑，约束力也不会导致摩擦力矩。

对物体

$$mg - T = ma$$

对飞轮

$$T'r = J\alpha$$

及 $a = r\alpha$、$T = T'$，解得

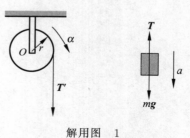

解用图　1

$$\alpha = \dfrac{mgr}{J + mr^2} = 21.8 \text{ rad/s}^2$$

2. 解　飞轮所受外力有重力、轴处约束力、闸瓦的正压力和摩擦力，前三者均通过轴。不产生力矩。取 ω_0 为转动正方向，闸瓦对飞轮的切向摩擦力产生的力矩

$$M = -rf = -r\mu_k F_N$$

转动定律

$$M = J\alpha$$

及

$$\omega = \omega_0 + \alpha t = 0$$

联立解得

$$t = \frac{\omega_0}{-\alpha} = \frac{\omega_0}{-M/J} = \frac{\omega_0 J}{r\mu_k F_N} = 5.34 \text{ s}$$

3. **解**　由刚体定轴转动定律 $M = J\alpha = J\dfrac{\mathrm{d}\omega}{\mathrm{d}t}$，得

$$-k\omega = J\frac{\mathrm{d}\omega}{\mathrm{d}t}$$

分离变量并代入初始条件，积分

$$\int_0^t -\frac{k}{J}\mathrm{d}t = \int_{\omega_0}^{\frac{\omega_0}{2}} \frac{1}{\omega}\mathrm{d}\omega$$

解得

$$t = \frac{J}{k}\ln 2$$

4. **解**　取人和转台为系统。在人走动的过程中，系统受的外力有重力与轴处约束力，对轴均不产生力矩，系统角动量守恒。

人在中心时，

$$J_0 = MR^2/2, \quad L_0 = MR^2\omega_0/2$$

在边缘时，

$$J = mR^2 + MR^2/2, \quad L = (mR^2 + MR^2/2)\omega$$

由 $L = L_0$，得

$$(mR^2 + MR^2/2)\omega = MR^2\omega_0/2$$

代入 $M = 2m$，得

$$\omega = \frac{1}{2}\omega_0$$

刚体的定轴转动（二）

一、填空题

1. 不能

2. $\dfrac{1}{2}\left(\dfrac{1}{2}M + m\right)R^2\omega^2$

3. $\dfrac{1}{2}J\omega_0^2$

4. $mg\dfrac{l}{2}\sin\theta$；$ml\sqrt{\dfrac{gl\sin\theta}{3}}$；$ml\sqrt{\dfrac{gl\sin\theta}{3}}$

5. 0；$-\dfrac{1}{2}\omega_0$；$-\dfrac{1}{4}J_0\omega_0^2$

6. 减小；增大

二、计算题

1. **解**　圆盘 $\omega = \dfrac{\mathrm{d}\theta}{\mathrm{d}t} = 4t$，$J = \dfrac{1}{2}mR^2 = \dfrac{1}{2} \times 16 \text{ kg} \times 0.5^2 \text{ m}^2 = 2 \text{ kg} \cdot \text{m}^2$

（1）由角动量定理，外力矩对盘的冲量矩为

$$J\omega(2) - J\omega(1) = 2 \times 4 \times 2 \text{ N} \cdot \text{m} \cdot \text{s} - 2 \times 4 \times 1 \text{ N} \cdot \text{m} \cdot \text{s} = 8 \text{ N} \cdot \text{m} \cdot \text{s}$$

（2）由动能定理，外力矩对盘所做的功为

$$\frac{1}{2}J\omega^2(2) - \frac{1}{2}J\omega^2(1) = \frac{1}{2} \times 2 \times (4 \times 2)^2 \text{ J} - \frac{1}{2} \times 2 \times (4 \times 1)^2 \text{ J} = 48 \text{ J}$$

2. **解**　（1）取子弹与圆盘为系统。在该过程中，系统所受外力有重力和轴处约束力，对轴均不产生力矩。系统角动量守恒。嵌入前 $L_0 = mvR$；嵌入后 $L = \left(\frac{1}{2}MR^2 + mR^2\right)\omega$。由 $L_0 = L$ 有

$$mvR = \left(\frac{1}{2}MR^2 + mR^2\right)\omega$$

得

$$\omega = \frac{mv}{\left(\dfrac{M}{2} + m\right)R}$$

（2）损失的机械能 $\Delta E = \frac{1}{2}mv^2 - \frac{1}{2}\left(\frac{1}{2}MR^2 + mR^2\right)\omega^2 = \frac{Mm}{2(M+2\,m)}v^2$

3. **解**　（1）以飞轮 A、B 和啮合器 C 为系统。在啮合过程中，C 的两部分之间的摩擦力为系统内力，内力矩之和为零，不改变系统的角动量；系统受到的外力——轴向正压力对转轴的力矩为零。系统角动量守恒。啮合前，系统角动量

$$L_0 = J_A\omega_A + J_B\omega_B$$

设两轮啮合后共同的角速度为 ω，有

$$L = (J_A + J_B)\omega$$

由 $L = L_0$ 有

$$J_A\omega_A + J_B\omega_B = (J_A + J_B)\omega$$

解得

$$\omega = \frac{J_A\omega_A + J_B\omega_B}{J_A + J_B} = \frac{20}{3}\pi \text{ rad/s} = 20.9 \text{ rad/s}$$

共同的转速为

$$n = 200 \text{ r/min}$$

（2）损失的动能

$$\Delta E_k = E_{k0} - E_k = \frac{1}{2}J_A\omega_A^2 - \frac{1}{2}(J_A + J_B)\omega^2$$

$$= \frac{1}{2} \times 10 \times \left(\frac{600 \times 2\pi}{60}\right)^2 \text{ J} - \frac{1}{2} \times (10 + 20) \times \left(\frac{20\pi}{3}\right)^2 \text{ J} = 1.32 \times 10^4 \text{ J}$$

4. **解**　取杆与地球为系统，杆在绕铰链 O 定轴转动的过程中，只有重力做功，满足机械能守恒的条件。选铰链 O 处为重力势能零点，杆处于竖直位置时，$E_0 = mg\frac{l}{2}$；设杆处于水平位置时，角速度为 ω，则 $E = \frac{1}{2}J\omega^2$。根据机械能守恒定律，得

$$mg\ \frac{l}{2}=\frac{1}{2}J\omega^2$$

代入 $J=ml^2/3$，解得

$$\omega=\sqrt{\frac{3g}{l}}$$

该题也可用刚体定轴转动定律或动能定理求解。

5. **解** 杆在绕铰链 O 定轴转动的过程中，只有重力做功。取顺时针方向为杆转动的正方向。当杆与水平方向夹角为 θ 时，重力矩为 $M=mg\ \frac{l}{2}\cos\theta$。若杆转动 $\mathrm{d}\theta$，则重力矩做功 $\mathrm{d}W=mg\ \frac{l}{2}\cos\theta\mathrm{d}\theta$。杆从水平位置转动到 θ 位置，整个过程中重力矩做功

$$W=\int\mathrm{d}W=\int_0^\theta mg\ \frac{l}{2}\cos\theta\mathrm{d}\theta=mg\ \frac{l}{2}\sin\theta$$

设杆在 θ 位置时角速度为 ω，由动能定理，及初始时刻 $\omega_0=0$，有

$$\frac{1}{2}J\omega^2=mg\ \frac{l}{2}\sin\theta$$

代入 $J=ml^2/3$ 得

$$\omega=\sqrt{\frac{3g\sin\theta}{l}}$$

该题也可用刚体定轴转动定律或机械能守恒定律求解。

6. **解** （1）对子弹和杆组成的系统，所受外力有重力和轴 O 处约束力。约束力通过轴，不产生力矩；设子弹射入时间极短，可以认为系统始终处于竖直位置，重力方向线通过轴，也不产生力矩。相对于轴 O，系统角动量守恒。子弹射入前，系统角动量即子弹相对于轴的角动量 $L_0=lmv_0$；射入后，$L=\left(\frac{1}{3}Ml^2+ml^2\right)\omega$。由 $L_0=L$ 有

$$lmv_0=\left(\frac{1}{3}Ml^2+ml^2\right)\omega$$

得

$$\omega=\frac{3m}{(M+3m)}\ \frac{v_0}{l}$$

（2）取子弹、杆与地球为系统，子弹和木杆在一起摆起的过程中，只有重力做功，机械能守恒。取悬点 O 为势能零点，结合解用图 1，点 C 为木杆质心，开始时

$$E_0=\frac{1}{2}J\omega^2-Mg\ \frac{l}{2}-mgl$$

设最大摆角为 θ，有

$$E=-Mg\ \frac{l}{2}\cos\theta-mgl\cos\theta$$

应用机械能守恒定律，得

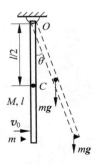

解用图　1

25

$$\frac{1}{2}J\omega^2 - Mg\frac{l}{2} - mgl = -Mg\frac{l}{2}\cos\theta - mgl\cos\theta$$

将 $\omega = \dfrac{3mv_0}{(M+3m)l}$ 和 $J = \dfrac{1}{3}Ml^2 + ml^2$ 代入上式,解得最大摆角 θ 应满足

$$\cos\theta = 1 - \frac{3m^2v_0^2}{(M+3m)(M+2m)gl}$$

即

$$\theta = \arccos\left(1 - \frac{3m^2v_0^2}{(M+3m)(M+2m)gl}\right)$$

第 4 章　静电场(一)

一、填空题

1. 在坐标原点 O 及 $(\sqrt{3},0)$ 点分别放置 $Q_1 = -2.0 \times 10^{-6}$ C 和 $Q_2 = 1.0 \times 10^{-6}$ C 的点电荷,如图 1 所示。坐标单位为 m。点 $P(\sqrt{3}, -1)$ 处的电场强度为_____ N/C。

2. 场强大小为 E 的均匀电场与半径为 R 的半球面的轴线平行,则通过半球面的电通量的大小为_____。

3. 两块平行的无限大的均匀带电平面,电荷面密度分别为 σ 和 $-\sigma$,在两板间取一高斯面为立方体的表面,设其边长为 a,立方体的两个面 M、N 与平板平行,如图 2 所示。通过 M 面的电通量为_____;通过 N 面的电通量为_____。

4. 图 3 中曲线表示一种球对称性静电场的场强大小的分布,r 表示场点与对称中心的距离。这是_____ 的电场。

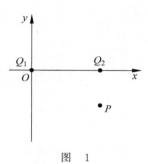

图　1

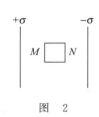

图　2

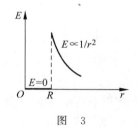

图　3

5. 两个半径为 R_1、R_2 $(R_1 < R_2)$ 的均匀带正电的同心球面,带电量分别为 q_1 和 q_2,则在内球面内离球心为 $r(r < R_1)$ 的点的场强大小为_____;在两球面之间距离球心为 $r(R_1 < r < R_2)$ 的点的场强大小为_____;在大球面外离球心为 $r(r > R_2)$ 的点的场强大小为_____。

6. 如图 4 所示,两平行的无限长均匀带电直线,电荷线密度分别为 λ 和 $-\lambda$,点 P_1 和 P_2 与两直线共面,有关距离如图 4 所示。取向右为 Ox 轴正向,则 $\boldsymbol{E}_{P1} = $_____;$\boldsymbol{E}_{P2} = $_____。

7. 图 5 中曲线表示一种轴对称静电场的场强大小的分布,r 表示场点与对称轴的距离。这是_____的电场。

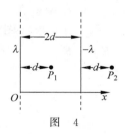

图　4

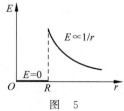

图　5

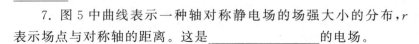

二、 计算题

1. 如图 6 所示,均匀带电直线长为 L,线电荷密度为 λ。求直线的延长线上距 L 中点 O 为 $r(r>L/2)$ 处 P 点的场强。

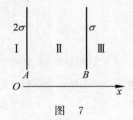

图 6

2. 半径为 R 的半圆环均匀带正电,电荷线密度为 λ。试求圆心 O 处的场强。

3. 有两块互相平行的无限大均匀带电平板 A、B,其电荷面密度分别为 2σ 和 σ,如图 7 所示,取 Ox 轴垂直于两板且向右。(1)分别写出 A、B 两板在各自两侧的电场强度矢量表达式 $E_{A左}$、$E_{A右}$ 和 $E_{B左}$、$E_{B右}$;(2)求如图 7 所示的三个区域的电场强度矢量表达式 E_{I}、E_{II} 和 E_{III}。

图 7

4. 均匀带电的无限长直细杆旁共面且垂直地放一均匀带电细杆 MN，二杆线电荷密度均为 λ，尺寸如图 8 所示，取 Ox 轴与杆 MN 平行。求 MN 受到的电场力的矢量表达式。

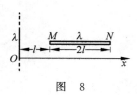

图 8

5. 两无限长共轴圆柱面半径分别为 R_1 和 $R_2(R_1 < R_2)$，内圆柱面带均匀正电荷，单位长度上线密度为 λ，外圆柱面带均匀负电荷，单位长度上线密度为 $-\lambda$，r 表示场点与圆柱轴线的距离。求空间的电场分布。（按 $r < R_1$，$R_1 < r < R_2$，$r > R_2$ 三个区域计算。）

第 4 章　静电场(二)

一、填空题

1. 静电场的环路定理 $\oint_L \boldsymbol{E} \cdot \mathrm{d}\boldsymbol{l} = 0$ 表明静电场是_____场。

2. 如图 1 所示,将点电荷 Q 从一对等量异号电荷 q、$-q$ 连线的中点 O,沿任意路径移到无限远。设连线的长度为 l,则电场力 Q 做的功为_____。

图　1

3. 有一半径为 R 的半圆细环,均匀带电 Q,则圆心 O 处的电势 $V_O =$_____。若将带电量为 q 的点电荷从无穷远处移到圆心 O 处,则电场力做功 $W =$_____。

4. 图 2 中曲线表示一种球对称性静电场的电势分布,r 表示与对称中心的距离。这是_____的电场。

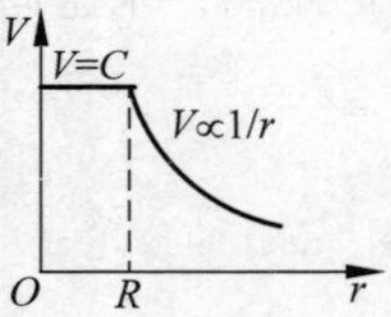

5. 两个半径为 R_1、R_2($R_1 < R_2$)的均匀带电同心球面,带电量分别为 q_1 和 q_2,则在内球面内离球心为 r($r < R_1$)的点的电势为_____;在两球面之间离球心为 r($R_1 < r < R_2$)的点的电势为_____;在大球面外离球心为 r($r > R_2$)的点的电势为_____;内、外球面的电势差为_____;点电荷 q 在该带电系统的电场中从内球面运动到外球面,电场力对其做的功为_____。

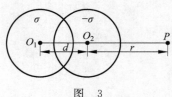

图　2

6. 如图 3 所示,半径为 R 的两个均匀带电球面相交,交线处绝缘,两球心距离 $O_1O_2 = d$,电荷面密度左球面为 σ,右球面为 $-\sigma$($\sigma > 0$),则距离 O_2 为 r 的 P 点(O_1、O_2 和 P 三点在一条直线上)的电场强度的大小为_____;电势为_____。

图　3

7. 电量均为 q 的两个点电荷相距 $2l$,则在这两个点电荷连线中点处的电势梯度的大小为_____。

8. 已知某静电场的电势函数为 $V = 6x - 6x^2 y - 7y^2$,则其电场强度 $\boldsymbol{E}(x, y, z) =$_____。

二、计算题

1. 如图 4 所示,均匀带电直线长为 L,线电荷密度为 λ。求直线的延长线上距 L 中点 O 为 r($r > L/2$)处 P 点的电势。

图　4

2. 如图 5 所示,有一均匀带电细圆环,半径为 R,电荷线密度为 λ ($\lambda > 0$),圆环平面用支架固定在水平面上。(1)求位于圆环上方,在过环心 O 且垂直于环面的轴线上距环心 O 为 h 处 P 点的电势 V_P,环心 O 处电势 V_O,P、O 两点间的电势差 U_{PO};(2)有一质量为 M、带电量为 $-q$ 的小球在重力和圆环电荷静电力的作用下,从 P 点由静止开始下落,求小球达到 O 点时的速度。

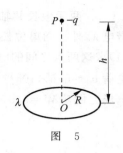

图　5

3. 电荷以相同的面密度 σ 均匀分布在半径为 $R_1 = 10$ cm 和 $R_2 = 20$ cm 的两个同心球面上,球心 O 处的电势为 $V_O = 30$ V。(1)求电荷面密度 σ;(2)保持内球面的电荷分布不变,若要使球心 O 处的电势为零,则外球面上的电荷面密度应为多少?

4. 两个同心的均匀带电球面半径分别为 $R_1 = 5.0$ cm,$R_2 = 20.0$ cm,已知内球面的电势为 $V_1 = 60$ V,外球面的电势为 $V_2 = -30$ V。求内、外球面所带电量。

5. 两无限长共轴均匀带电圆柱面半径分别为 R_1、R_2($R_1 < R_2$),设内柱面单位长度上带电 λ,外柱面单位长度上带电 $-\lambda$,两柱面之间有两点距圆柱面轴线距离分别为 r_1 和 r_2。(1)求这两点之间的电势差 U_{12};(2)若 $R_1 = 1.5$ cm,$R_2 = 5.0$ cm,$r_1 = 2$ cm,$r_2 = 4$ cm,一点电荷 $q_0 = 6.6 \times 10^{-10}$ C 在电场力作用下,从距圆柱面轴线为 r_1 运动到距圆柱面轴线为 r_2,电场力做功 $W = 5.0 \times 10^{-6}$ J,求内圆柱面电荷线密度 λ。

第4章　静电场（三）

一、 填空题

1. 如图 1 所示，一无限大均匀带电介质平板 A，电荷面密度为 σ_1（$\sigma_1 > 0$），将介质板移近导体 B 后，此时导体 B 表面上靠近 P 点处的电荷面密度为 σ_2（$\sigma_2 > 0$），则 P 点的场强大小是_____。

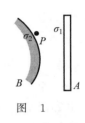

图　1

2. 如图 2 所示，将一负电荷从无穷远处移到一个不带电的导体球附近，则导体球内的电场强度_____（选"增大""不变""减小"填写）；导体球的电势_____（选"升高""不变""降低"填写）。

3. 电容为 C_0 的 5 个电容器，如果它们串联，则等效电容 $C =$ _____；如果它们并联，则等效电容 $C =$ _____。

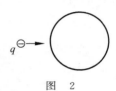

图　2

4. 一空气平行板电容器，其电容值为 C_0，充电后电场能量为 W_{e0}。在保持与电源连接的情况下，在两极板块间充满相对介电常数为 ε_r 的各向同性均匀电介质，则此时电容值 $C =$ _____ C_0；电场能量 $W_e =$ _____ W_{e0}。

5. 如图 3 所示，两条相距为 $2a$ 的平行的均匀带电的长直线，线电荷密度分别为 λ 和 $-\lambda$。O、P 两点与两直线在同一平面上，与直线距离如图 3 所示。则点 O 处的电场能量密度为_____；点 P 处的电场能量密度为_____。

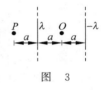

图　3

6. 电容器充电后用力把电容器中的电介质板拉出。如果充电后电容器仍与电源连接，电容器中储存的能量将_____；如果充电后电容器与电源断开，电容器中储存的能量将_____。（两空均选"增加""减少""不变"填写）

二、 计算题

1. 如图 4 所示，导体球 A 与导体球面 B 同心放置，半径分别为 R_A、R_B，所带电量分别为 q、Q。（1）求球 A 的电势；（2）若把球 A 接地，如认为大地和无穷远的电势相等，并取为电势零点，则其带电量为多少？

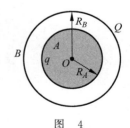

图　4

2. 如图 5 所示,无限大均匀带电平面 A 的附近放一与它平行的有一定厚度的无限大中性平面导体板 B。已知 A 板上的电荷面密度为 σ,求在导体板 B 的两个表面 1 和 2 上的感应电荷面密度 σ_1 和 σ_2。

图　5

3. 将一个 100 pF 的电容器 C_1 充电到 $U_1 = 100$ V,然后把它和电源断开,再把它和另一电容器 C_2 并联,并联电容器电压 $U = 30$ V。求:(1)第二个电容器的电容 C_2;(2)并联时损失的电能。

4. 圆柱形电容器由半径为 R_1 的长直圆柱导体和与它同轴的薄导体圆筒组成,圆筒的半径为 R_2,圆柱和圆筒的长度均为 l。若直导体与导体圆筒之间充以相对电容率为 ε_r 的均匀各向同性电介质。设直导体和圆筒单位长度上的电荷分别为 $+\lambda$ 和 $-\lambda$。求:(1)电介质中的电位移、场强;(2)此圆柱形电容器的电容。

参 考 解 答

静电场（一）

一、填空题

1. $-(3.90\boldsymbol{i}+6.74\boldsymbol{j})$

2. $\pi R^2 E$

3. $-\dfrac{\sigma}{\varepsilon_0}a^2$；$\dfrac{\sigma}{\varepsilon_0}a^2$

4. 半径为 R 的均匀带电球面

5. 0；$\dfrac{q_1}{4\pi\varepsilon_0 r^2}$；$\dfrac{q_1+q_2}{4\pi\varepsilon_0 r^2}$

6. $\dfrac{\lambda}{\pi\varepsilon_0 d}\boldsymbol{i}$；$-\dfrac{\lambda}{3\pi\varepsilon_0 d}\boldsymbol{i}$

7. 半径为 R 的均匀带电圆柱面

二、计算题

1. **解** 如解用图 1 所示，取中点 O 为 Ox 轴原点，电荷元 $dq=\lambda dx$ 在 P 点的场强大小为

$$dE = \frac{\lambda\,dx}{4\pi\varepsilon_0(r-x)^2}$$

整个带电直线在 P 点的场强为

$$E = \int dE = \int_{-L/2}^{L/2} \frac{\lambda\,dx}{4\pi\varepsilon_0(r-x)^2} = \frac{\lambda L}{4\pi\varepsilon_0(r^2-L^2/4)}$$

写成矢量式为

$$\boldsymbol{E} = \frac{\lambda L\boldsymbol{i}}{4\pi\varepsilon_0(r^2-L^2/4)}$$

解用图 1

2. **解** 以圆心 O 为坐标原点，通过半圆环两端点的直径为 x 轴，过圆环中点的直径为 y 轴，建立如解用图 2 所示的直角坐标系。在角坐标 θ 处，取长度为 $dl=R\,d\theta$ 的带电微元，则其所带电量 $dq=\lambda dl=\lambda R\,d\theta$。$dq$ 在圆心处所产生的电场强度的大小为

$$dE = \frac{\lambda R\,d\theta}{4\pi\varepsilon_0 R^2}$$

解用图 2

$d\boldsymbol{E}$ 沿 x 轴和 y 轴的两个分量分别为

$$dE_x = -dE\cos\theta = -\frac{\lambda\,d\theta}{4\pi\varepsilon_0 R}\cos\theta, \quad dE_y = -dE\sin\theta = -\frac{\lambda\,d\theta}{4\pi\varepsilon_0 R}\sin\theta$$

$$E_x = \int dE_x = -\int_0^\pi \frac{\lambda\,d\theta}{4\pi\varepsilon_0 R}\cos\theta = -\frac{\lambda}{4\pi\varepsilon_0 R}\sin\theta\Big|_0^\pi = 0$$

实际上,由于半圆环均匀带电,圆环上全部 dq 的 dE_x 分量均抵消,直接可知 $E_x = 0$。

$$E_y = -\frac{\lambda}{4\pi\varepsilon_0 R}\Big|_0^\pi \sin\theta\,d\theta = \frac{\lambda}{4\pi\varepsilon_0 R}\cos\theta\Big|_0^\pi = -\frac{\lambda}{2\pi\varepsilon_0 R}$$

$$\boldsymbol{E} = E_x\boldsymbol{i} + E_y\boldsymbol{j} = -\frac{\lambda}{2\pi\varepsilon_0 R}\boldsymbol{j}$$

3. 解 (1) $\boldsymbol{E}_{A左} = -\dfrac{\sigma}{\varepsilon_0}\boldsymbol{i}$, $\boldsymbol{E}_{A右} = \dfrac{\sigma}{\varepsilon_0}\boldsymbol{i}$; $\boldsymbol{E}_{B左} = -\dfrac{\sigma}{2\varepsilon_0}\boldsymbol{i}$, $\boldsymbol{E}_{B右} = \dfrac{\sigma}{2\varepsilon_0}\boldsymbol{i}$

(2) $\boldsymbol{E}_{\text{I}} = \boldsymbol{E}_{A左} + \boldsymbol{E}_{B左} = -\dfrac{3\sigma}{2\varepsilon_0}\boldsymbol{i}$, $\boldsymbol{E}_{\text{II}} = \boldsymbol{E}_{A右} + \boldsymbol{E}_{B左} = \dfrac{\sigma}{2\varepsilon_0}\boldsymbol{i}$, $\boldsymbol{E}_{\text{III}} = \boldsymbol{E}_{A右} + \boldsymbol{E}_{B右} = \dfrac{3\sigma}{2\varepsilon_0}\boldsymbol{i}$

4. 解 距无限长细杆 x 处, $E = \dfrac{\lambda}{2\pi\varepsilon_0 x}\boldsymbol{i}$, 在细杆 MN 上取一线元 dx, 带电 λdx, 受力大小为 $dF = E\lambda dx = \dfrac{\lambda^2}{2\pi\varepsilon_0 x}dx$, 方向沿 Ox 轴。

$$F = \int dF = \int_l^{3l} \frac{\lambda^2}{2\pi\varepsilon_0 x}dx = \frac{\lambda^2\ln 3}{2\pi\varepsilon_0}$$

$$\boldsymbol{F} = \frac{\lambda^2\ln 3}{2\pi\varepsilon_0}\boldsymbol{i}$$

5. 解 由对称性分析可知, $\boldsymbol{E}$ 分布具有轴对称性,即与圆柱轴线距离相等的同轴圆柱面上各点场强大小相等,方向均沿径向。如解用图 3 所示,作半径为 r、高度为 h、与两圆柱面同轴的、通过待求场点 P 的圆柱形高斯面,则穿过圆柱面上下底的电通量为零,穿过整个高斯面的电通量等于穿过圆柱形侧面的电通量

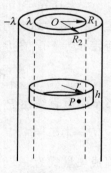

$$\oiint_S \boldsymbol{E}\cdot d\boldsymbol{S} = \iint_{S_侧} \boldsymbol{E}\cdot d\boldsymbol{S} = E2\pi rh$$

若 $r < R_1$, $\sum\limits_i q_i = 0$, 得 $E = 0$。

若 $R_1 < r < R_2$, $\sum\limits_i q_i = \lambda h$, 得 $E = \dfrac{\lambda}{2\pi\varepsilon_0 r}$, 垂直中心轴线向外。

若 $r > R_2$, $\sum\limits_i q_i = 0$, 得 $E = 0$。

解用图 3

静电场(二)

一、填空题

1. 保守场

2. 0

3. $\dfrac{Q}{4\pi\varepsilon_0 R}$; $-\dfrac{Qq}{4\pi\varepsilon_0 R}$

4. 半径为 R 的均匀带正电球面

5. $\dfrac{q_1}{4\pi\varepsilon_0 R_1}+\dfrac{q_2}{4\pi\varepsilon_0 R_2}$; $\dfrac{q_1}{4\pi\varepsilon_0 r}+\dfrac{q_2}{4\pi\varepsilon_0 R_2}$; $\dfrac{q_1+q_2}{4\pi\varepsilon_0 r}$; $\dfrac{q_1}{4\pi\varepsilon_0}\left(\dfrac{1}{R_1}-\dfrac{1}{R_2}\right)$; $\dfrac{q_1 q}{4\pi\varepsilon_0}\left(\dfrac{1}{R_1}-\dfrac{1}{R_2}\right)$

6. $\dfrac{R^2\sigma}{\varepsilon_0}\left(\dfrac{1}{r^2}-\dfrac{1}{(d+r)^2}\right)$; $\dfrac{R^2\sigma}{\varepsilon_0}\left(\dfrac{1}{d+r}-\dfrac{1}{r}\right)$

7. 0

8. $6(2xy-1)\boldsymbol{i}+2(3x^2+7y)\boldsymbol{j}$

二、计算题

1 **解** 如解用图 1 所示,取中点 O 为 Ox 轴原点,电荷元 $\mathrm{d}q=\lambda\,\mathrm{d}x$ 在 P 点的电势为

$$\mathrm{d}V=\frac{\lambda\,\mathrm{d}x}{4\pi\varepsilon_0(r-x)}$$

整个带电直线在 P 点的电势为

解用图　1

$$V=\int\mathrm{d}V=\int_{-L/2}^{L/2}\frac{\lambda\,\mathrm{d}x}{4\pi\varepsilon_0(r-x)}=\frac{\lambda}{4\pi\varepsilon_0}\ln\frac{r+L/2}{r-L/2}$$

2. **解** （1） $V_P=\dfrac{Q}{4\pi\varepsilon_0\sqrt{R^2+h^2}}=\dfrac{\lambda\cdot 2\pi R}{4\pi\varepsilon_0\sqrt{R^2+h^2}}=\dfrac{R\lambda}{2\varepsilon_0\sqrt{R^2+h^2}}$

$$V_O=\frac{Q}{4\pi\varepsilon_0 R}=\frac{\lambda}{2\varepsilon_0}$$

$$U_{PO}=V_P-V_O=\frac{R\lambda}{2\varepsilon_0\sqrt{R^2+h^2}}-\frac{\lambda}{2\varepsilon_0}=\frac{\lambda}{2\varepsilon_0}\left(\frac{R}{\sqrt{R^2+h^2}}-1\right)$$

（2）小球从 P 点运动到 O 点,根据动能定理有 $\dfrac{1}{2}Mv^2-0=Mgh+(-q)U_{PO}$,解得

$$v=\sqrt{2gh+\frac{q\lambda}{\varepsilon_0 M}\left(1-\frac{R}{\sqrt{R^2+h^2}}\right)}$$

3. **解** （1） $V_O=\dfrac{1}{4\pi\varepsilon_0}\left(\dfrac{q_1}{R_1}+\dfrac{q_2}{R_2}\right)=\dfrac{1}{4\pi\varepsilon_0}\left(\dfrac{4\pi R_1^2\sigma}{R_1}+\dfrac{4\pi R_2^2\sigma}{R_2}\right)=\dfrac{\sigma}{\varepsilon_0}(R_1+R_2)$,

$$\sigma=\frac{V_O\varepsilon_0}{R_1+R_2}=\frac{30\times 8.85\times 10^{-12}}{0.1+0.2}\ \mathrm{C/m^2}=8.85\times 10^{-10}\ \mathrm{C/m^2}$$

（2）设外球面上的电荷面密度为 σ', $V_O'=\dfrac{1}{\varepsilon_0}(R_1\sigma+R_2\sigma')=0$,

$$\sigma'=-\frac{R_1}{R_2}\sigma=-\frac{0.1}{0.2}\times 8.85\times 10^{-10}\ \mathrm{C/m^2}=-4.425\times 10^{-10}\ \mathrm{C/m^2}$$

4. **解** （1）以 q_1 和 q_2 分别表示内、外球面所带电量。由电势叠加原理

$$V_1=\frac{1}{4\pi\varepsilon_0}\left(\frac{q_1}{R_1}+\frac{q_2}{R_2}\right)=60,\quad V_2=\frac{1}{4\pi\varepsilon_0}\frac{q_1+q_2}{R_2}=-30$$

代入 R_1 和 R_2 的值得

$$9\times 10^9\times\left(\frac{q_1}{0.05}+\frac{q_2}{0.2}\right)=60,\quad 9\times 10^9\times\left(\frac{q_1+q_2}{0.2}\right)=-30$$

化简得

$$4q_1 + q_2 = \frac{4}{3} \times 10^{-9} \text{ C}, \quad q_1 + q_2 = -\frac{2}{3} \times 10^{-9} \text{ C}$$

解得

$$q_1 = \frac{2}{3} \times 10^{-9} \text{ C}, \quad q_2 = -\frac{4}{3} \times 10^{-9} \text{ C}$$

5. **解** （1）两柱面之间电场分布为 $E = \dfrac{\lambda}{2\pi\varepsilon_0 r}$，方向沿圆柱的半径。两点间的电势差

$$U_{12} = \int_{r_1}^{r_2} \frac{\lambda}{2\pi\varepsilon_0 r} \mathrm{d}r = \frac{\lambda}{2\pi\varepsilon_0} \ln \frac{r_2}{r_1}$$

（2）电场力对 q_0 做的功

$$W = q_0 U_{12} = \frac{q_0 \lambda}{2\pi\varepsilon_0} \ln \frac{r_2}{r_1}$$

得

$$\lambda = \frac{2\pi\varepsilon_0 W}{q_0 \ln \dfrac{r_2}{r_1}} = \frac{2 \times 3.14 \times 8.85 \times 10^{-12} \times 5.0 \times 10^{-6}}{6.6 \times 10^{-10} \times \ln 2} \text{ C/m} = 6.08 \times 10^{-7} \text{ C/m}$$

静电场（三）

一、填空题

1. σ_2/ε_0

2. 不变；降低(提示：电中性的导体球(壳)，感应电荷在球心处的电势为零，球心处的电势即为移近的负电荷所产生的电势。)

3. $C_0/5$；$5C_0$

4. ε_r；ε_r

5. $\dfrac{\lambda^2}{2\pi^2\varepsilon_0 a^2}$；$\dfrac{\lambda^2}{18\pi^2\varepsilon_0 a^2}$

6. 减少；增加

二、计算题

1. **解** （1）由静电平衡条件与所给条件的球对称性，电荷均匀分布于球体 A 表面和球面 B。由电势叠加原理，球 A 的电势为球 A 单独产生的电势 V_q 与球面 B 单独产生的电势 V_Q 之和。应用均匀带电球面电势公式

$$V_A = V_q + V_Q = \frac{q}{4\pi\varepsilon_0 R_A} + \frac{Q}{4\pi\varepsilon_0 R_B}$$

（2）球 A 接地，电势变为零。设球 A 带电量变为 q'，由静电平衡条件，q' 分布在球 A 表面。不论球 A 接地后，球 A 表面的电荷与球面 B 的电荷是否均匀分布，前者到球心 O 的距离均等于 R_A，后者为 R_B，于是

$$V_A = V_O = \frac{q'}{4\pi\varepsilon_0 R_A} + \frac{Q}{4\pi\varepsilon_0 R_B} = 0, \quad q' = -\frac{R_A}{R_B}Q$$

2. **解** 不考虑边缘效应，分布在导体板 B 表面上的感应电荷形成 2 个均匀带电平面。

由电荷守恒定律可知

$$\sigma_1 + \sigma_2 = 0$$

由静电平衡条件，B 板内任一点的电场强度为零，得

$$\frac{\sigma}{2\varepsilon_0} + \frac{\sigma_1}{2\varepsilon_0} - \frac{\sigma_2}{2\varepsilon_0} = 0$$

解得

$$\sigma_1 = -\frac{1}{2}\sigma, \quad \sigma_2 = \frac{1}{2}\sigma$$

3. **解** （1）$C_1 U_1 = (C_1 + C_2)U$，得

$$C_2 = \frac{C_1(U_1 - U)}{U} = \frac{100 \times (100 - 30)}{30} \text{ pF} = \frac{700}{3} \text{ pF}$$

（2）能量的减少为

$$\Delta W_e = \frac{1}{2}C_1 U_1^2 - \frac{1}{2}(C_1 + C_2)U^2$$

$$= \frac{1}{2} \times 100 \times 10^{-12} \times 100^2 \text{ J} - \frac{1}{2}\left(100 + \frac{700}{3}\right) \times 10^{-12} \times 30^2 \text{ J} = 3.5 \times 10^{-7} \text{ J}$$

4. **解** （1）由对称性分析，电场为轴对称分布，作半径为 r、高度为 h、与电容器同轴的圆柱形高斯面，有 $\oint_S \boldsymbol{D} \cdot \mathrm{d}\boldsymbol{S} = D2\pi rh = \lambda h$，得

$$D = \frac{\lambda}{2\pi r}$$

由 $\boldsymbol{D} = \varepsilon_0 \varepsilon_r \boldsymbol{E}$ 得电介质中场强

$$E = \frac{\lambda}{2\pi\varepsilon_0\varepsilon_r r}(R_1 < r < R_2)$$

$\boldsymbol{D}$ 与 $\boldsymbol{E}$ 的方向均沿径向向外。

（2）圆柱形电容器两极板间的电势差为

$$U = \int_{R_1}^{R_2} \frac{\lambda\,\mathrm{d}r}{2\pi\varepsilon_0\varepsilon_r r} = \frac{\lambda}{2\pi\varepsilon_0\varepsilon_r}\ln\frac{R_2}{R_1}$$

由电容的定义可求得

$$C = \frac{Q}{U} = \frac{\lambda l}{\dfrac{\lambda}{2\pi\varepsilon_0\varepsilon_r}\ln\dfrac{R_2}{R_1}} = \frac{2\pi\varepsilon_0\varepsilon_r l}{\ln\dfrac{R_2}{R_1}}$$

第 5 章　稳恒磁场（一）

一、填空题

1. 设电源中非静电性场的场强为 E_k，电源的正极为 A、负极为 B，电源电动势 $\mathscr{E}=$ _____。

2. 电流元 $I\mathrm{d}l$ 位于坐标原点并沿 x 轴正方向放置，即 $I\mathrm{d}l=I\mathrm{d}li$，则 y 轴上的点 $(0,R)$ 处的磁感应强度 $B=$ _____。

3. 4 条皆垂直于纸面的"无限长"载流直导线，每条导线中的电流皆为 I。如图 1 所示为横截面，4 条导线与截面的交点是边长为 $2a$ 的正方形的四个顶点，每条导线中的电流流向如图 1 所示，则在正方形中心点 O 的磁感应强度的大小 $B=$ _____。

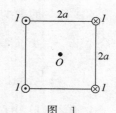

图　1

4. 在任何磁场中，穿过以闭合曲线 C 为边界的两任意曲面 S_1 和 S_2 的磁通量 _____。（选"一定相等""不一定相等"填写）

5. 磁场的高斯定理 $\oiint_S \boldsymbol{B}\cdot\mathrm{d}\boldsymbol{S}=0$ 说明磁场是 _____ 场；稳恒磁场的环路定理 $\oint_L \boldsymbol{B}\cdot\mathrm{d}\boldsymbol{l}=\mu_0\sum_i I_i$ 说明磁场是 _____ 场。

6. 对如图 2 中所示的电流分布和闭合回路 L，$\oint_L \boldsymbol{B}\cdot\mathrm{d}\boldsymbol{l}=$ _____。

7. 平行的无限长直载流导线 A 和 B，电流强度均为 I，垂直纸面向外，图 3 所示为一横截面，两根载流导线之间相距 a，则 $\overline{AB}$ 中点 P 处的磁感应强度的大小 $B_P=$ _____；磁感应强度沿截面中环路 L 的线积分 $\oint_L \boldsymbol{B}\cdot\mathrm{d}\boldsymbol{l}=$ _____。

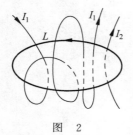

图　2

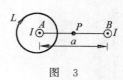

图　3

8. 内、外半径分别为 R_1 和 R_2 的长直金属圆管沿长度方向在横截面上有均匀分布的稳恒电流 I，管内空腔距离管轴线 $r\,(r<R_1)$ 处的点的磁感应强度的大小为 _____；管外空间中离轴线 $r\,(r>R_2)$ 处的点的磁感应强度的大小为 _____。

二、 计算题

1. 通有电流 I 的无限长直导线在纸平面内被弯成如图 4 所示形状，$\overset{\frown}{acb}$ 是半径为 R、圆心为 O 的 1/4 圆弧，两半无限长直导线分别沿圆弧端点 a、b 处的半径方向。将导线分成如图所示的 1、2、3 三部分，求这三部分在圆心 O 点产生的(1)磁感应强度 $\boldsymbol{B}_1$、$\boldsymbol{B}_2$、$\boldsymbol{B}_3$ 的大小和方向；(2)总磁感应强度 $\boldsymbol{B}$ 的大小和方向。

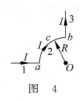

图　4

2. 如图 5 所示，一根无限长直导线通有电流 I，中部一段弯成圆心为 P、半径为 R、圆心角为 $90°$ 的圆弧，将导线分成如图 5 所示的 1、2、3 三部分。求这三部分在圆心 P 点产生的(1)磁感应强度 $\boldsymbol{B}_1$、$\boldsymbol{B}_2$、$\boldsymbol{B}_3$ 的大小和方向；(2)总磁感应强度 $\boldsymbol{B}$ 的大小和方向。

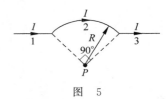

图　5

3. 如图 6 所示的弓形平面载流线圈 $acba$，$\overset{\frown}{acb}$ 的圆心为 O、半径 $R = 2$ cm、圆心角 $\angle aOb = 120°$，$I = 40$ A。(1)分别求出弦 ab 与圆弧 $\overset{\frown}{acb}$ 在圆心 O 点处的磁感应强度的大小和方向；(2)圆心 O 点处的磁感应强度的大小和方向。

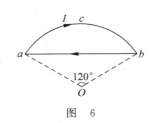

图　6

4. 如图 7 所示，一宽为 $2a$ 的薄长金属板均匀地分布着电流 I。试求在薄板所在平面、距板的一边为 a 的点 P 处的磁感应强度的大小和方向。

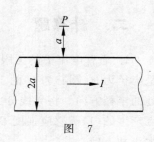

图 7

5. 半径为 R 的均匀带电细圆环所带电量为 $Q(Q>0)$。圆环绕过环心且与环平面垂直的轴线以角速度 ω 逆时针方向旋转。求：(1) 圆环旋转形成的等效电流；(2) 环心处的磁感应强度 $\mathbf{B}$ 的大小。

6. 如图 8 所示为一根长直圆管形导体的横截面，内、外半径分别为 a 和 b，导体内载有沿轴线方向的电流 I，且电流 I 均匀分布在管的横截面上。试求导体内部的磁感应强度分布。

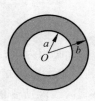

图 8

第 5 章　稳恒磁场(二)

一、 填空题

1. 一空间区域存在磁感应强度为 B 的均匀磁场,一电子以垂直于 B 的初速度 v_0 进入磁场作圆周运动,则圆周运动的周期为_____;形成的等效圆电流为_____;等效圆电流的磁矩的大小_____。(电子电量为 e,质量为 m_e)

2. 通有电流 I 的无限长直导线在一平面内被弯成如图 1 所示形状,$\overset{\frown}{acb}$ 是半径为 R 的半圆弧,两半无限长直导线分别在半圆弧的两端点 a、b 处与半圆弧相切。如将其放于磁感应强度 B 的方向垂直进入纸面的均匀磁场中,所受安培力的大小 $F=$_____。

3. 如图 2 所示,三根载有相等电流的长直导线 a、b 和 c 共面、平行且等间距放置,各导线中电流方向如图 2 所示。记这三根导线的单位长度受的安培力的大小分别为 F_a、F_b 和 F_c,则由大到小排列为_____。

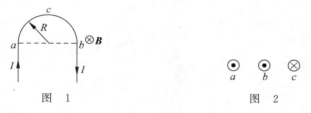

图　1　　　　　　　　　图　2

4. 面积为 S、载有电流 I 的平面闭合线圈置于磁感应强度为 B 的均匀磁场中,此线圈受到的最大磁力矩的大小为_____,此时通过线圈的磁通量为_____;若线圈平面与 B 垂直,线圈所受的磁力矩的大小为_____。

5. 无限长直螺线管由表面绝缘的细导线密绕而成,单位长度的匝数为 n,内部充满磁导率为 μ 的各向同性均匀磁介质。当导线中载有电流 I 时,管内任意一点的磁场强度大小 $H=$_____;磁感应强度的大小 $B=$_____。

二、 计算题

1. 如图 3 所示,一长直导线 AB 载有电流 I_1,其旁放一段通有电流 I_2 的直导线 CD,AB 与 CD 共面且垂直,有关尺寸如图 3 所示。(1)在题图上标出用于求 CD 所受磁场力的电流元 $I_2 \mathrm{d}l$ 和该电流元所受磁场力 $\mathrm{d}F$,并写出 $\mathrm{d}F$ 的大小 $\mathrm{d}F$;(2)求导线 CD 所受的磁场力。

图　3

2. 如图 4 所示，无限长载流直导线通有电流 $I_1 = 20$ A，长 $a = 0.2$ m、宽 $b = 0.1$ m 的矩形线框 $ABCD$ 通以电流 $I_2 = 10$ A，线框与直导线共面，AB 边与直导线平行且相距 $d = 0.1$ m。分别求电流 I_1 的磁场对线框每条边的磁力的大小和方向。

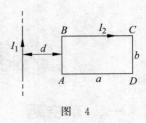

图 4

3. 如图 5 所示，载有电流 I_1 的无限长直导线与纸面垂直相交，交点为 O。在纸面内放置一通以电流 I_2 的圆环扇形线圈 $abcd$，圆环以点 O 为圆心、半径分别为 R_1 和 R_2。求：(1) 线圈各边受 I_1 的磁场的作用力；(2) 整个线圈所受的磁场力。

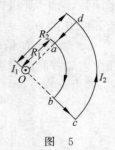

图 5

4. 半径为 R 的无限长圆柱形导体的相对磁导率为 μ_r，沿圆柱的轴线方向均匀地通有电流，其电流密度为 j。试求磁场强度 H 和磁感应强度 B 的分布。

参考解答

稳恒磁场（一）

一、填空题

1. $\int_B^A \boldsymbol{E}_k \cdot \mathrm{d}\boldsymbol{l}$

2. $\dfrac{\mu_0}{4\pi}\dfrac{I\,\mathrm{d}l}{R^2}\boldsymbol{k}$

3. $\dfrac{\mu_0 I}{\pi a}$

4. 一定相等

5. 无源；有旋（或非保守）

6. $\mu_0(-2I_1 + I_2)$

7. 0；$-\mu_0 I$

8. 0；$\dfrac{\mu_0 I}{2\pi r}$

二、计算题

1. **解**　（1）由教材例 5-1，$B = \dfrac{\mu_0 I}{4\pi a}(\cos\alpha_1 - \cos\alpha_2)$，结合题图可知，

对 1

$$\alpha_1 = 0, \quad \alpha_2 = 0, \quad B_1 = 0$$

对 3

$$\alpha_1 = \pi, \quad \alpha_2 = \pi, \quad B_3 = 0$$

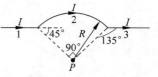

由教材例 5-2 得 $B_2 = \dfrac{\dfrac{\pi}{2}}{2\pi}\dfrac{\mu_0 I}{2R} = \dfrac{\mu_0 I}{8R}$，方向垂直于纸面向内。

（2）$B = B_1 + B_2 + B_3 = \dfrac{\mu_0 I}{8R}$，方向垂直于纸面向内。

解用图　1

2. **解**　（1）由教材例 5-1 和解用图 1

$$B_1 = \frac{\mu_0}{4\pi}\frac{I}{R\cos45°}(\cos0° - \cos45°) = \frac{\mu_0}{4\pi}\frac{I}{R\times\dfrac{\sqrt{2}}{2}}\left(1 - \frac{\sqrt{2}}{2}\right)$$

$$B_3 = \frac{\mu_0}{4\pi}\frac{I}{R\cos45°}(\cos135° - \cos180°) = \frac{\mu_0}{4\pi}\frac{I}{R\times\dfrac{\sqrt{2}}{2}}\left(-\frac{\sqrt{2}}{2} + 1\right)$$

由教材例 5-2 得

$$B_2 = \frac{\frac{\pi}{2}}{2\pi} \frac{\mu_0 I}{2R} = \frac{\mu_0 I}{8R}$$

$\boldsymbol{B}_1$、$\boldsymbol{B}_2$、$\boldsymbol{B}_3$ 方向相同,均为垂直于纸面向内。

(2)P 点处磁感应强度大小 $B = B_1 + B_2 + B_3 = \frac{\mu_0}{\pi} \frac{I}{\sqrt{2}R}\left(1 - \frac{\sqrt{2}}{2}\right) + \frac{\mu_0 I}{8R}$,方向垂直于纸面向内。

3. **解** (1)设弦 ab 和圆弧 $\overset{\frown}{acb}$ 在 O 点处产生的磁感应强度分别为 $\boldsymbol{B}_1$ 和 $\boldsymbol{B}_2$。由教材例 5-1 与解用图 2,得

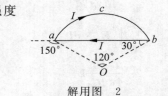

解用图　2

$$B_1 = \frac{4\pi \times 10^{-7}}{4\pi} \times \frac{40}{0.02 \times \cos 60°} \times (\cos 30° - \cos 150°) \text{ T}$$
$$= 6.93 \times 10^{-4} \text{ T}$$

方向垂直纸面向外。由教材例 5-2 得

$$B_2 = \frac{\frac{2\pi}{3}}{2\pi} \cdot \frac{\mu_0 I}{2R} = \frac{1}{3} \times \frac{4\pi \times 10^{-7} \times 40}{2 \times 0.02} \text{ T} = 4.19 \times 10^{-4} \text{ T}$$

方向垂直纸面向内。

(2)O 点处的磁感应强度的大小 $B = B_1 - B_2 = 2.74 \times 10^{-4}$ T,方向垂直纸面向外。

4. **解** 建立如解用图 3 所示坐标系,取宽度为 $\mathrm{d}r$ 的无限长载流细条,则 $\mathrm{d}I = \frac{I}{2a}\mathrm{d}r$,在 P 点处激发的磁感应强度大小为

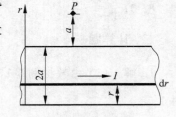

解用图　3

$$\mathrm{d}B = \frac{\mu_0 \mathrm{d}I}{2\pi(3a - r)} = \frac{\mu_0}{2\pi(3a - r)} \frac{I \mathrm{d}r}{2a}$$

方向垂直于纸面向外。

将板分为无数个平行细条,整个板在 P 点处激发的磁感应强度大小为

$$B_P = \int \mathrm{d}B = \frac{\mu_0}{2\pi}\int_0^{2a} \frac{\frac{I}{2a}\mathrm{d}r}{3a - r} = \frac{\mu_0 I}{4\pi a}\ln 3$$

方向垂直于纸面向外。

5. **解** (1)圆环转动的周期 $T = \frac{2\pi}{\omega}$,形成的等效圆电流

$$I = \frac{Q}{T} = \frac{Q}{2\pi}\omega$$

(2)利用圆电流圆心处的磁感应强度公式,得环心处

$$B = \frac{\mu_0 I}{2R} = \frac{\mu_0 Q\omega}{4\pi R}$$

或应用运动电荷的磁场公式计算。在圆环上任取电荷元 $\mathrm{d}q$,其在环心所产生的磁场 $\mathrm{d}\boldsymbol{B} = \frac{\mu_0 \mathrm{d}q\, \boldsymbol{v} \times \boldsymbol{e}_r}{4\pi R^2}$,$\boldsymbol{v}$、$\boldsymbol{e}_r$ 互相垂直,$v = R\omega$,$\mathrm{d}B = \frac{\mu_0 \mathrm{d}qv}{4\pi R^2} = \frac{\mu_0 \mathrm{d}q\omega}{4\pi R}$,所有电荷元 $\mathrm{d}\boldsymbol{B}$ 方向相同。

$$B = \int \mathrm{d}B = \int_q \frac{\mu_0 \mathrm{d}q\omega}{4\pi R} = \frac{\mu_0 Q\omega}{4\pi R}$$

6. **解** 圆管横截面的电流密度为 $j = \dfrac{I}{\pi(b^2 - a^2)}$。取半径为 $r(a<r<b)$、与截面圆同心的圆形回路 L，经类似于教材例 5-4 对无限长载流圆柱体导线的磁场分布的分析可知，L 上各点磁感应强度大小相等，方向均沿切线且与电流成右手螺旋关系。应用安培环路定理可得

$$\oint_L \boldsymbol{B} \cdot \mathrm{d}\boldsymbol{l} = B2\pi r = \mu_0 \frac{I}{\pi(b^2 - a^2)} \pi(r^2 - a^2)$$

得

$$B = \frac{\mu_0 I(r^2 - a^2)}{2\pi r(b^2 - a^2)}$$

方向与电流流向成右手螺旋关系。

稳恒磁场（二）

一、填空题

1. $\dfrac{2\pi m_e}{Be}$；$\dfrac{Be^2}{2\pi m_e}$；$\dfrac{m_e v_0^2}{2B}$

2. $2RIB$

3. F_b, F_c, F_a

4. $ISB, 0 ; 0$

5. $nI ; \mu nI$

二、计算题

1. **解** （1）如解用图 1 所示，在 CD 上取电流元 $I_2 \mathrm{d}\boldsymbol{l}$，$|\mathrm{d}\boldsymbol{l}| = \mathrm{d}r$，$AB$ 导线产生的磁感应强度大小为 $B = \dfrac{\mu_0 I_1}{2\pi r}$，方向垂直于纸面向里。电流元受力 $\mathrm{d}\boldsymbol{F}$ 如图所示，大小为

$$\mathrm{d}F = I_2 B\mathrm{d}r = \frac{\mu_0 I_1 I_2}{2\pi r}\mathrm{d}r$$

（2）受力大小为

$$F = \int_a^{a+b} \frac{\mu_0 I_1 I_2}{2\pi r}\mathrm{d}r = \frac{\mu_0 I_1 I_2}{2\pi}\ln\frac{a+b}{a}$$

方向垂直 CD 向上。

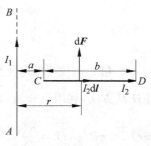

解用图 1

2. **解** 载流导线在 AB 上产生的磁感应强度 $B = \dfrac{\mu_0 I_1}{2\pi d}$，$AB$ 受到的力

$$F_{AB} = BI_2\overline{AB} = \frac{\mu_0 I_1 I_2 b}{2\pi d} = \frac{4\pi \times 10^{-7} \times 20 \times 10 \times 0.1}{2\pi \times 0.1}\ \mathrm{N} = 4 \times 10^{-5}\ \mathrm{N}$$

方向向左。

载流导线在 CD 上产生的磁感应强度 $B = \dfrac{\mu_0 I_1}{2\pi(a+d)}$，$CD$ 受到的力

$$F_{CD} = BI_2\overline{CD} = \frac{\mu_0 I_1 I_2 b}{2\pi(a+d)} = \frac{4\pi \times 10^{-7} \times 20 \times 10 \times 0.1}{2\pi \times 0.3} \text{ N} = 1.33 \times 10^{-5} \text{ N}$$

方向向右。

为求 BC 所受力，如解用图 2 所示，在距离长直导线 r 处

取一电流元 $I_2 d\boldsymbol{l}$，$|d\boldsymbol{l}| = dr$，则该处的磁感应强度 $B = \dfrac{\mu_0 I_1}{2\pi r}$，该

电流元受到的安培力 $dF = BI_2 dr = \dfrac{\mu_0 I_1}{2\pi r} I_2 dr$，导线 BC 受到

的安培力

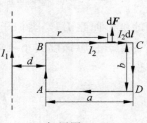

解用图　2

$$F_{BC} = \int dF = \int_d^{a+d} \frac{\mu_0 I_1 I_2}{2\pi r} dr = \frac{\mu_0 I_1 I_2}{2\pi} \ln \frac{a+d}{d}$$
$$= 4.39 \times 10^{-5} \text{ N}$$

方向向上。

同样可求得导线 AD 受到的安培力 $F_{AD} = 4.39 \times 10^{-5}$ N，方向向下。

3. **解** （1）边 bc 上各电流元与无限长直电流产生的磁场垂

直，如解用图 3 所示，取长度为 dr 的电流元，其受力大小 $dF = $

$BI_2 dr = \dfrac{\mu_0 I_1}{2\pi r} I_2 dr$。

$$F_{bc} = \int_{R_1}^{R_2} \frac{\mu_0 I_1 I_2}{2\pi r} dr = \frac{\mu_0 I_1 I_2}{2\pi} \ln \frac{R_2}{R_1}，方向垂直纸面向外。$$

$$F_{da} = F_{bc} = \frac{\mu_0 I_1 I_2}{2\pi} \ln \frac{R_2}{R_1}，方向垂直纸面向里。$$

对两段圆弧，各电流元与无限长直电流产生的磁场平行，

$I_2 d\boldsymbol{l} \times \boldsymbol{B}$ 恒为零，从而

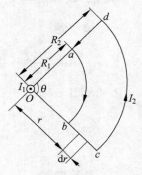

解用图　3

$$\boldsymbol{F}_{ab} = \boldsymbol{F}_{cd} = 0$$

（2）

$$\boldsymbol{F}_{合} = 0$$

4. **解** 圆柱中的电流呈轴对称分布，如解用图 4 所示，取闭合回路

沿 $\boldsymbol{H}$ 线方向，利用有介质时的安培环路定理，当 $r > R$ 时，$\oint_L \boldsymbol{H} \cdot d\boldsymbol{l} = $

$2\pi r H = \pi R^2 j$，$H = \dfrac{R^2 j}{2r}$，$B = \mu_0 H = \dfrac{\mu_0 R^2 j}{2r}$。

当 $r < R$ 时，$\oint_L \boldsymbol{H} \cdot d\boldsymbol{l} = 2\pi r H = \pi r^2 j$，$H = \dfrac{jr}{2}$，$B = \mu_0 \mu_r H = $

$\dfrac{\mu_0 \mu_r jr}{2}$。方向均与电流成右手螺旋关系。

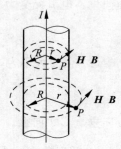

解用图　4

第 6 章　电磁感应（一）

一、填空题

1. 引起动生电动势的非静电力是＿＿＿＿；引起感生电动势的非静电力是＿＿＿＿。

2. 一根直导线在磁感应强度为 B 的均匀磁场中以速度 v 运动。导线中任一点的非静电性场强 E_k＝＿＿＿＿。

3. 如图 1 所示，磁感应强度为 B 的均匀磁场垂直于纸面向里，导线 abc 在纸面内，ab、bc 的长度为 l，且两者的夹角为 $120°$。当导线在纸面内以角速度 ω 绕 a 点沿逆时针方向转动时，导线 abc 中的动生电动势大小为＿＿＿＿。

4. 如图 2 所示，通有恒定电流 I 的长直导线下面有一与之共面的 U 形金属线框，框的上边与导线平行，线框上有一导体杆以速度 v 向下匀速滑动。$t＝0$ 时，滑杆与 U 形框上边重合。有关尺寸如图 2 所示。t 时刻线框中的动生电动势的大小为＿＿＿＿。

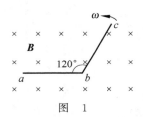

图　1

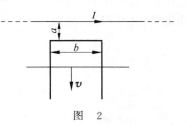

图　2

5. 感生电场的电场线既无起点也无终点，即是闭合的，因此感生电场是＿＿＿＿。（选"保守场""非保守场"填写）

6. 一个带电粒子在随时间变化的磁场中运动，其动量＿＿＿＿发生变化；动能＿＿＿＿发生变化。（两空均选"会"或"不会"填写）

二、计算题

1. 如图 3 所示，U 型金属导轨宽 $\overline{cd}＝L$，导轨上有导线 ab，导轨所在空间磁场随时间变化的规律为 $B＝t^2/2$，若 $t＝0$ 时，ab 由与 $\overline{cd}$ 重合处开始以速度 v 向右匀速滑动。试求任意时刻 t 金属框中感应电动势的大小和方向。

图　3

2. 如图 4 所示,在均匀磁场中有一直角三角形金属架 $aOba$,$\angle aOb = \theta$,$ab \perp Ox$。磁场垂直金属架平面向内且按 $B = B_m\sin\omega t$ 的规律变化,式中 B_m、ω 均为正值常量。若 ab 以恒定速度 $\boldsymbol{v}$ 沿导轨向右滑动且 $t = 0$ 时,处于 $x = 0$ 处,求任意时刻 t 金属架 $aOba$ 中的感应电动势。

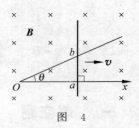

图 4

3. 如图 5 所示,长为 L 的铜棒 OP 在方向垂直于纸面向内的均匀磁场 $\boldsymbol{B}$ 中,沿顺时针方向绕位于端点的 O 轴在纸面内以角速度 ω 转动。求棒中的动生电动势。

图 5

4. 如图 6 所示,导线弯成直径为 d 的半圆形状 $\overset{\frown}{AC}$,磁感应强度为 $\boldsymbol{B}$ 的均匀磁场垂直 $\overset{\frown}{AC}$ 所在平面向外。当 $\overset{\frown}{AC}$ 绕着点 A 在 $\overset{\frown}{AC}$ 所在平面内以角速度 ω 逆时针旋转时,(1)证明:$\overset{\frown}{AC}$ 中的动生电动势与直径 $\overline{AC}$ 绕点 A 以相同方式旋转时产生的动生电动势相等;(2)由(1)的结论计算导线 $\overset{\frown}{AC}$ 中的动生电动势并指出哪点电势高。

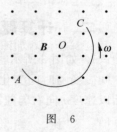

图 6

5. 如图 7 所示,通有电流 $I = 5$ A 的长直导线 AB 旁放置一导体细棒 CD,CD 与 AB 共面并垂直,CD 长 $l = 2$ m,棒端 C 距 AB 为 $a = 1$ m,CD 以匀速率 $v = 2$ m/s 平行于 AB 运动。(1)取积分路径,在题图上标出用于求棒 CD 中动生电动势的元线段,并标出该元线段中动生电动势的方向,写出元动生电动势的表达式;(2)棒 CD 中的动生电动势。

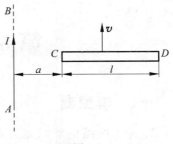

图 7

6. 长直导线通有交变电流 $I = I_0 \cos\omega t$,式中 I_0 和 ω 都是常量,矩形线框与直导线共面,且有两边与直导线平行,有关尺寸如图 8 所示。(1)在题图中标出用于求通过线框的磁通量的面元,并写出该面元的磁通量;(2)求线框中的感应电动势。

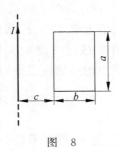

图 8

7. 如图 9 所示,长直导线通有电流 $I = I_0 \cos\omega t$,式中 I_0 和 ω 都是正值常量,导线右侧有一共面的 U 形金属线框,框的两边与直导线平行,框上有一导体杆以恒定速度 v 向下滑动。$t = 0$ 时,滑杆与框上边重合,有关尺寸如图 9 所示。(1)在题图中标出用于求 t 时刻通过线框的磁通量的面元,并写出该面元的磁通量;(2)求 t 时刻线框中的感应电动势。

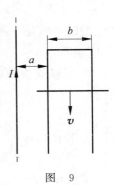

图 9

第6章 电磁感应(二)

一、 填空题

1. 矩形线圈长为 l、宽为 b，由 N 匝表面绝缘的导线绕成。如图 1 所示，一长直导线通过线圈两宽边的中点，交点处互相绝缘。线圈与长直导线的互感为_____。

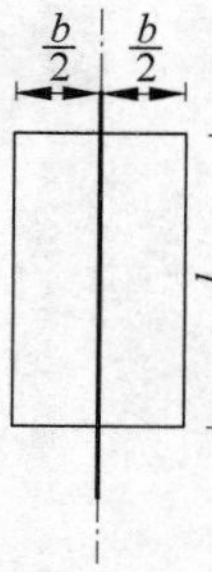

2. 半径为 r 的无限长密绕圆形螺线管，单位长度上线圈匝数为 n，通以交变电流 $I=I_0\sin\omega t$，式中 I_0 和 ω 都是常量。围在管外的半径为 $R(R>r)$ 的同轴单匝线圈中的感生电动势为_____。

3. 自感为 L 的线圈通有电流 I_0 时，线圈内贮存的磁能为_____。

4. 如图 2 所示，两条相距为 $2a$ 的平行长直导线通有大小相等、方向相反的电流 I，O、P 两点与两导线在同一平面上，与导线距离如图所示。O 点的磁感应强度的大小为_____，磁场能量密度为_____；P 点的磁感应强度的大小为_____，磁场能量密度为_____。

5. 由变化的磁场激发的涡旋电场 E_i 线与所围的 $\dfrac{\partial \boldsymbol{B}}{\partial t}$ 的方向成_____螺旋关系；由变化的电场激发的磁场 $\boldsymbol{B}$ 线与所围的 $\dfrac{\partial \boldsymbol{E}}{\partial t}$ 的方向成_____螺旋关系。

6. 电场强度为 $\boldsymbol{E}$ 的均匀电场被局限在圆筒内，$\boldsymbol{E}$ 与筒轴平行，$\dfrac{\mathrm{d}E}{\mathrm{d}t}>0$，图 3 为一横截面，圆截面的圆心为 O。此变化电场在筒内、外产生的磁场线是一系列以 O 为圆心_____绕向的圆。（选"顺时针""逆时针"填写）

图 1

图 2

图 3

7. 反映真空中电磁场基本性质和规律的积分形式的麦克斯韦方程组为

① $\displaystyle\oiint_S \boldsymbol{E}\cdot\mathrm{d}\boldsymbol{S}=\frac{\sum_i q_i}{\varepsilon_0}$ ② $\displaystyle\oiint_S \boldsymbol{B}\cdot\mathrm{d}\boldsymbol{S}=0$

③ $\displaystyle\oint_L \boldsymbol{E}\cdot\mathrm{d}\boldsymbol{l}=-\iint_S \frac{\partial \boldsymbol{B}}{\partial t}\cdot\mathrm{d}\boldsymbol{S}$ ④ $\displaystyle\oint_L \boldsymbol{B}\cdot\mathrm{d}\boldsymbol{l}=\mu_0\left(\sum_i I_{ci}+\varepsilon_0\iint_S \frac{\partial \boldsymbol{E}}{\partial t}\cdot\mathrm{d}\boldsymbol{S}\right)$

试判断下列结论是包含于方程组中哪一个方程式的，填写你确定的方程式的序号。
（1）变化的磁场必然产生电场：_____；（2）磁场是无源场：_____；
（3）变化的电场必然产生磁场：_____。

二、 计算题

1. 一截面为长方形、有 N 匝线圈的螺绕环,其尺寸如图 4 所示。求此螺绕环的自感。

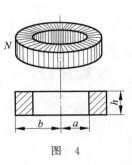

图　4

2. 如图 5 所示,在长直导线旁放置一矩形线圈,线圈与直导线共面,边长分别为 a 和 b,长为 b 的边与直导线平行,线圈靠近直导线的一边与直导线的距离为 d。求线圈与长直导线的互感。

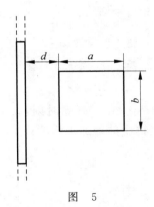

图　5

3. 一根圆柱形长直导线载有电流 I,I 均匀地分布在它的横截面上。求导线内部单位长度的磁场能量。

参 考 解 答

电磁感应(一)

一、填空题

1. 洛伦兹力;感生电场力(或涡旋电场力)

2. $\boldsymbol{v} \times \boldsymbol{B}$

3. $\dfrac{3}{2}\omega Bl^2$(提示:连接 ac,转动时通过回路 $abca$ 的磁通量不变,回路的 $\mathcal{E}_i$ 为零,即 $\mathcal{E}_i = \mathcal{E}_{abc} + \mathcal{E}_{ca连} = 0$)

4. $\dfrac{\mu_0 bI}{2\pi}\dfrac{v}{a+vt}$

5. 非保守场

6. 会;会

二、计算题

1. **解** 任意时刻 t,da 边长度为 vt,取顺时针方向为回路绕行正方向,则任意时刻 t,金属框中的磁通量为

$$\Phi_m = BS = \frac{t^2}{2}L\,\overline{da} = \frac{Lvt^3}{2}$$

$$\mathcal{E}_i = -\frac{\mathrm{d}\Phi_m}{\mathrm{d}t} = -\frac{3Lvt^2}{2},负号表示绕向为逆时针。$$

2. **解** 取顺时针方向为回路绕行正方向,t 时刻金属框中 Oa 边的长度为 vt,

$$\Phi_m = BS = B_m\sin\omega t\left(\frac{1}{2}vt \times vt\tan\theta\right) = \frac{1}{2}B_m v^2\tan\theta\, t^2\sin\omega t$$

$$\mathcal{E}_i = -\frac{\mathrm{d}\Phi_m}{\mathrm{d}t} = -B_m v^2 t\tan\theta\left(\frac{1}{2}t\omega\cos\omega t + \sin\omega t\right)$$

若为负值,则其绕向为逆时针;若为正值,则其绕向为顺时针。

3. **解** 如解用图 1 所示,取积分路径从 O 到 P,在铜棒上距 O 为 l 处取线元 $\mathrm{d}l$,其速率为 $v = \omega l$,且 $\boldsymbol{v}$ 与 $\boldsymbol{B}$ 垂直,$\boldsymbol{v} \times \boldsymbol{B}$ 和 $\mathrm{d}l$ 方向相同,从 O 到 P,即

$$\mathrm{d}\mathcal{E}_i = (\boldsymbol{v} \times \boldsymbol{B}) \cdot \mathrm{d}l = vB\sin\frac{\pi}{2}\mathrm{d}l\cos 0 = l\omega B\,\mathrm{d}l$$

各个线元 $\mathrm{d}l$ 上产生的动生电动势 $\mathrm{d}\mathcal{E}_i$ 的指向相同,整个铜棒产生的动生电动势为

$$\mathcal{E}_i = \int_L \mathrm{d}\mathcal{E}_i = \int_0^L l\omega B\,\mathrm{d}l = \frac{1}{2}L^2\omega B,方向从 O 到 P。$$

解用图 1

4. 解 （1）证 如解用图 2 所示，连接 AC，与半圆形导线形成闭合回路，该回路绕 A 点旋转时磁通量不变，所以回路的感应电动势

$$\mathscr{E}_i = \mathscr{E}_{\overset{\frown}{AC}} + \mathscr{E}_{\overline{CA}} = 0$$

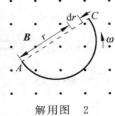

从而 $\mathscr{E}_{\overset{\frown}{AC}} = -\mathscr{E}_{\overline{CA}} = \mathscr{E}_{\overline{AC}}$，即半圆形导线产生的电动势 $\mathscr{E}_{\overset{\frown}{AC}}$ 和直径 AC 产生的电动势 $\mathscr{E}_{\overline{AC}}$ 相等。

（2）如解用图 2 所示，在直径 AC 上距 A 点 r 处取微元 dr，则

$$d\mathscr{E}_i = (\boldsymbol{v} \times \boldsymbol{B}) \cdot d\boldsymbol{l} = \left(vB\sin\frac{\pi}{2}\right)dl\cos0 = r\omega B\,dr$$

解用图 2

积分得 $\mathscr{E}_{\overset{\frown}{AC}} = \mathscr{E}_{\overline{AC}} = \int_0^d r\omega B\,dr = \frac{1}{2}\omega Bd^2$，正号说明电动势方向沿导线由 A 指向 C，C 点电势高。

5. 解 （1）如解用图 3 所示，取积分路径从 C 到 D，在导线 CD 上距 AB 导线 x 处取一线元 $d\boldsymbol{l}$，大小为 dx，AB 在该处产生的 $B = \dfrac{\mu_0 I}{2\pi x}$，方向垂直纸平面向里。$\boldsymbol{v} \times \boldsymbol{B}$ 方向从 D 到 C，线元中产生的动生电动势为

$$d\mathscr{E}_i = (\boldsymbol{v} \times \boldsymbol{B}) \cdot d\boldsymbol{l} = \left(vB\sin\frac{\pi}{2}\right)dx\cos\pi = -v\frac{\mu_0 I}{2\pi x}dx,$$

负号表示与积分路径反向。

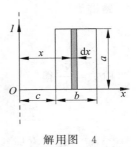

解用图 3

（2）$\mathscr{E}_i = \int d\mathscr{E}_i = -\int_a^{a+l} v\frac{\mu_0 I}{2\pi x}dx = -\frac{\mu_0 Iv}{2\pi}\ln\frac{a+l}{a} = -\frac{4\pi \times 10^{-7} \times 5 \times 2}{2\pi} \times \ln\frac{2+1}{1}\text{V}$

$\qquad = -2.20 \times 10^{-6}$ V，负号表示方向从 D 到 C。

6. 解 （1）如解用图 4 所示，取回路正方向为顺时针绕向，距导线 x 处面积元 $dS = a\,dx$ 上磁通量

$$d\Phi_m = B\,dS = \frac{\mu_0 I}{2\pi x}a\,dx$$

（2）$\Phi_m = \int d\Phi_m = \int_c^{c+b} \frac{\mu_0 Ia\,dx}{2\pi x} = \frac{\mu_0 Ia}{2\pi}\ln\frac{c+b}{c}$

$\qquad = \dfrac{\mu_0 I_0 a}{2\pi}\ln\dfrac{c+b}{c}\cos\omega t$

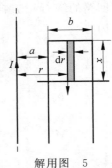

解用图 4

$\mathscr{E}_i = -\dfrac{d\Phi_m}{dt} = \dfrac{\mu_0 a I_0 \omega}{2\pi}\ln\dfrac{c+b}{c}\sin\omega t$，当 $\mathscr{E}_i > 0$，绕向为顺时针；当 $\mathscr{E}_i < 0$，绕向为逆时针。

7. 解 （1）如解用图 5 所示，t 时刻杆距上边 $x = vt$，距载流导线 r 处面积元 $dS = x\,dr$，其磁通量为

$$d\Phi_m = B\,dS = \frac{\mu_0 I}{2\pi r}x\,dr$$

（2）$\Phi_m = \int d\Phi_m = \int_a^{a+b} \frac{\mu_0 Ix\,dr}{2\pi r} = \frac{\mu_0 Ix}{2\pi}\ln\frac{a+b}{a}$

$\qquad = \dfrac{\mu_0 I_0}{2\pi}\left(\ln\dfrac{a+b}{a}\right)vt\cos\omega t$

解用图 5

$$\mathscr{E}_i = -\frac{\mathrm{d}\Phi_m}{\mathrm{d}t} = -\frac{\mu_0 I_0 v}{2\pi}\left(\ln\frac{a+b}{a}\right)(\cos\omega t - t\omega\sin\omega t),$$ 若为正值,则其绕向为顺时针;若为负值,则其绕向为逆时针。

电磁感应(二)

一、填空题

1. 0

2. $-\pi\mu_0 n I_0 \omega r^2 \cos\omega t$

3. $\dfrac{1}{2}LI_0^2$

4. $\dfrac{\mu_0 I}{\pi a}$;$\dfrac{\mu_0 I^2}{2\pi^2 a^2}$;$\dfrac{\mu_0 I}{3\pi a}$;$\dfrac{\mu_0 I^2}{18\pi^2 a^2}$

5. 左手;右手

6. 顺时针

7. (1) ③;(2) ②;(3) ④

二、计算题

1. **解** 设螺绕环通有电流 I,$B=\dfrac{\mu_0 NI}{2\pi r}$

通过一匝线圈的磁通量为

$$\Phi_m = \iint_S \boldsymbol{B} \cdot \mathrm{d}\boldsymbol{S} = \int_a^b \frac{\mu_0 NI}{2\pi r} h\,\mathrm{d}r = \frac{\mu_0 NhI}{2\pi}\ln\frac{b}{a}$$

磁链为

$$\Psi = N\Phi_m = \frac{\mu_0 N^2 hI}{2\pi}\ln\frac{b}{a}$$

由 $L=\dfrac{\Psi}{I}$ 得

$$L = \frac{\mu_0 N^2 h}{2\pi}\ln\frac{b}{a}$$

2. **解** 设长直导线通有电流 I,距直导线为 x 处的磁感应强度为 $B=\dfrac{\mu_0}{2\pi}\dfrac{I}{x}$。如解用图 1 所示,选顺时针的转向作为矩形线圈回路的绕行正方向,则通过图中阴影面积 $\mathrm{d}S=b\,\mathrm{d}x$ 的磁通量为

$$\mathrm{d}\Phi_m = \frac{\mu_0}{2\pi}\frac{I}{x}b\,\mathrm{d}x$$

$$\Phi_m = \int \mathrm{d}\Phi_m = \int_d^{d+a}\frac{\mu_0 I}{2\pi x}b\,\mathrm{d}x = \frac{\mu_0 bI}{2\pi}\ln\left(\frac{d+a}{d}\right)$$

$$M = \frac{\Phi_m}{I} = \frac{\mu_0 b}{2\pi}\ln\left(\frac{d+a}{d}\right)$$

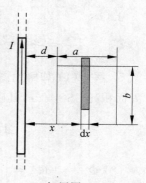

解用图 1

3. **解**　导体内的磁感应强度分布为

$$B = \frac{\mu_0 I r}{2\pi R^2} \quad (0 \leqslant r \leqslant R)$$

磁场能量密度

$$w_m = \frac{1}{2}\frac{B^2}{\mu_0} = \frac{\mu_0 I^2 r^2}{8\pi^2 R^4}$$

如解用图 2 所示,取与圆柱同轴内半径为 r,外半径为 $r+\mathrm{d}r$,高度为 1 的圆柱壳,其体积 $\mathrm{d}V = 2\pi r\,\mathrm{d}r$

解用图　2

$$W_m = \int_0^R w_m 2\pi r\,\mathrm{d}r = \frac{\mu_0 I^2}{16\pi}$$

第7章 气体动理论(一)

一、填空题

1. 温度的科学定义是建立在_____定律的基础上的。

2. 在标准状态下,理想气体氧气分子和氦气分子的平均平动动能_____。(选"相等""不相等"填写)

3. 密封的理想气体的温度从 27℃ 缓慢地上升到其分子方均根速率为 27℃ 时的 2 倍,设气体的成分不因升温而发生变化,该气体的温度将变为_____ K。

4. 两容器中装有刚性分子理想气体氢气和氧气,其方均根速率相等,则_____气的温度较高。

5. 两个容器 A、B 中盛有同种理想气体,其分子数密度之比为 $n_A : n_B = 2 : 1$,方均根速率之比为 $\sqrt{\overline{v_A^2}} : \sqrt{\overline{v_B^2}} = 1 : 2$,则其压强之比 $p_A : p_B =$ _____。

6. 填写下列各量的物理意义。

(1) $\dfrac{1}{2}kT$:_____。

(2) $\dfrac{3}{2}kT$:_____。

(3) $\dfrac{i}{2}kT$:_____。

(4) $\dfrac{M}{M_{mol}}\dfrac{i}{2}RT$:_____。

(5) $\dfrac{i}{2}RT$:_____。

(6) $\dfrac{3}{2}RT$:_____。

7. 摩尔数和温度都相同的刚性分子理想气体氢气与氦气,它们的内能_____。(选"相同""不同"填写)

8. 自由度为 i 的一定量的刚性分子理想气体,其体积为 V,压强为 p,其内能 $E =$ _____。

9. 一定量的刚性分子理想气体氧气内能为 $E = 3.50 \times 10^3$ J,总转动动能 $E_{kr} =$ _____ J。

二、　计算题

1. 1 mol 水蒸气分解成同温度的氢气和氧气。如将三种气体均视为刚性分子理想气体，则内能增加了百分之几？

2. 容器内有 $M=2.66$ kg 刚性分子理想气体氧气，已知其内能是 $E=6.9\times10^5$ J，求：(1)气体分子的平均平动动能，(2)气体温度。

3. 体积为 V 的房间与大气相通，开始时室内与室外温度均为 T_0，压强均为 p_0，现使室内温度降为 T，设温度变化前、后气体均为刚性分子理想气体。求室内气体(1)内能的增量；(2)摩尔数的增量。

第7章 气体动理论(二)

一、 填空题

1. 若 $f(v)$ 为气体分子的麦克斯韦速率分布函数,N 为分子总数,填写下列各项的物理意义。

(1) $f(v)\mathrm{d}v$: _____。

(2) $Nf(v)\mathrm{d}v$: _____。

(3) $\int_0^\infty f(v)\mathrm{d}v$: _____。

(4) $\int_0^\infty vf(v)\mathrm{d}v$: _____。

(5) $\int_0^\infty v^2 f(v)\mathrm{d}v$: _____。

(6) $\int_0^{v_p} f(v)\mathrm{d}v$: _____。

(7) $\int_{v_1}^{v_2} Nf(v)\mathrm{d}v$ _____

2. 用总分子数 N、速率分布函数 $f(v)$ 可将速率大于 v_0 的分子数表示为 _____。

3. 将刚性分子理想氧气的绝对温度提高 1 倍而离解成氧原子理想气体,则氧原子的平均速率比氧分子平均速率大_____倍。

4. 图 1 中①、②两条曲线分别表示同一种理想气体在 T_1、T_2 下的速率分布曲线,则 T_1 _____ T_2。(选"大于""等于""小于"填写)

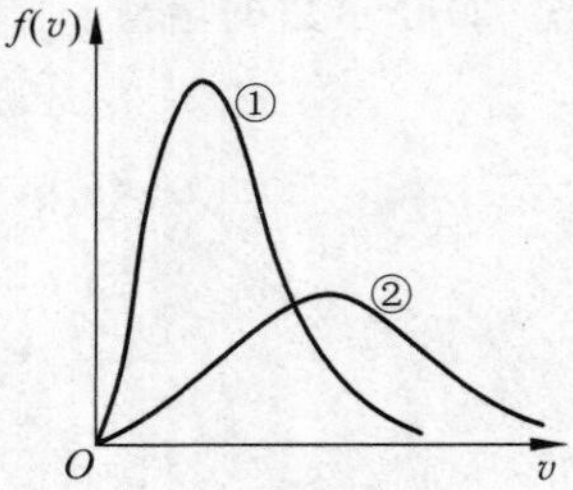

5. 一定质量的气体,保持体积不变。当温度增加时,平均碰撞频率_____;平均自由程_____。(两空均选"增大""不变"或"减小"填写)

图 1

二、 计算题

1. 设理想气体分子热运动速率处于 $[v_p, v_p+0.01v_p]$、$[0.5v_p, 0.5v_p+0.01v_p]$ 和 $[2v_p, 2v_p+0.01v_p]$ 三个区间的分子数分别为 ΔN_1、ΔN_2 和 ΔN_3,计算:(1)ΔN_1 占总分子数的百分比;(2)ΔN_1 与 ΔN_2 的比值;(3)ΔN_1 与 ΔN_3 的比值。

参考解答

气体动理论（一）

一、填空题

1. 热力学第零

2. 相等

3. 1200

4. 氧

5. 1∶2

6. （1）在温度为 T 的平衡态下，分子热运动能量分配在理想气体分子每一个自由度上的平均动能

（2）在温度为 T 的平衡态下，理想气体分子的平均平动动能

（3）在温度为 T 的平衡态下，自由度为 i 的理想气体刚性分子的平均总动能

（4）在温度为 T 的平衡态下，由自由度为 i 的刚性分子组成的质量为 M、摩尔质量为 M_{mol} 的理想气体的内能

（5）在温度为 T 的平衡态下，1 mol 由自由度为 i 的刚性分子组成的理想气体的内能

（6）在温度为 T 的平衡态下，1 mol 单原子理想气体的内能

7. 不同

8. $\dfrac{i}{2}pV$ $\left(提示：E=\dfrac{M}{M_{mol}}\dfrac{i}{2}RT，pV=\dfrac{M}{M_{mol}}RT\right)$

9. 1.40×10^{3} J

二、计算题

1. **解**　1 mol 水蒸气能分解成 1 mol 氢气和 0.5 mol 氧气。水蒸气分子的自由度 $i=6$，氢气和氧气两者分子的自由度 i 均为 5。

1 mol 水蒸气的内能

$$1\times\frac{6}{2}RT=3RT$$

1 mol 氢气和 0.5 mol 氧气的内能

$$1\times\frac{5}{2}RT+0.5\times\frac{5}{2}RT=\frac{7.5}{2}RT$$

内能增加的百分数

$$\left(\frac{7.5}{2}RT-3RT\right)/3RT=25\%$$

2. **解**　（1）氧气是双原子分子，自由度 $i=5$，平动自由度 $t=3$，平均平动动能总和

$$E_{kt}=E\times\frac{3}{5}=\frac{3}{5}\times6.9\times10^{5}\ \text{J}=4.14\times10^{5}\ \text{J}$$

容器内氧气的摩尔分子数为 $N = \frac{M}{M_{mol}} N_A$，分子的平均平动动能

$$\overline{\varepsilon_{kt}} = \frac{E_{kt}}{N} = \frac{E_{kt}}{\frac{MN_A}{M_{mol}}} = \frac{4.14 \times 10^5}{\frac{2.66 \times 6.02 \times 10^{23}}{32 \times 10^{-3}}} \text{ J} = 8.27 \times 10^{-21} \text{ J}$$

(2) $\overline{\varepsilon_{kt}} = \frac{3}{2} kT, T = \frac{2\overline{\varepsilon_{kt}}}{3k} = \frac{2 \times 8.27 \times 10^{-21}}{3 \times 1.38 \times 10^{-23}} \text{ K} = 400 \text{ K}$

3. **解** (1) 由内能公式 $E = \nu \frac{i}{2} RT$ 和状态方程 $pV = \nu RT$，得 $E = \frac{i}{2} pV$。降温前、后房间内体积和压强均不变，有

$$E = \frac{i}{2} pV = \frac{i}{2} p_0 V = E_0$$，故室内气体的内能不变，即增量为零。

(2) 降温前、后气体的摩尔数分别为 $\nu_0 = \frac{p_0 V}{RT_0}, \nu = \frac{p_0 V}{RT}$；摩尔数的增量为

$$\Delta\nu = \nu - \nu_0 = \frac{p_0 V}{RT} - \frac{p_0 V}{RT_0} = \frac{p_0 V(T_0 - T)}{RTT_0}$$

气体动理论（二）

一、填空题

1. (1) $= \frac{dN}{N}$，表示处于平衡态的理想气体中，速率分布在 v 附近区间 dv 内的分子数占总分子数的比率

(2) $= dN$，表示处于平衡态的理想气体中，速率分布在 v 附近区间 dv 内的分子数

(3) 表示处于平衡态的理想气体中，分布在整个速率区间 $(0, \infty)$ 内的分子数占总分子数的比率，其值为 1

(4) 表示处于平衡态的理想气体中分子的平均速率

(5) 表示处于平衡态的理想气体中分子的速度平方的平均值

(6) 表示处于平衡态的理想气体中，速率不大于 v_p 的分子数占总分子数的比率

(7) $= \int_{v_1}^{v_2} dN$，表示处于平衡态的理想气体中，在速率区间 $[v_1, v_2]$ 内的分子数

2. $\int_{v_0}^{\infty} Nf(v)dv$

3. 1

4. 小于

5. 增大；不变

二、计算题

1. **解** 设气体分子总数为 N，速率区间 $[v, v+\Delta v]$ 内的分子数为 ΔN，

$$\Delta N = N \int_v^{v+\Delta v} f(v)dv$$

如 Δv 很小，有

$$\Delta N \approx N f(v) \Delta v$$

注意到 $v_p = \sqrt{\dfrac{2kT}{m}}$，得 $\Delta N = 4N\pi\left(\dfrac{m}{2\pi kT}\right)^{\frac{3}{2}} e^{-\frac{mv^2}{2kT}} v^2 \Delta v = \dfrac{4N}{\sqrt{\pi}}\left(\dfrac{v}{v_p}\right)^2 e^{-\frac{v^2}{v_p^2}} \dfrac{\Delta v}{v_p}$。

对于题中三个速率区间，Δv 均为 $0.01v_p$，v 的值分别为 $v_1 = v_p$，$v_2 = 0.5v_p$，$v_3 = 2v_p$。

（1）ΔN_1 占总分子数的百分比

$$\frac{\Delta N_1}{N} = \frac{4}{\sqrt{\pi}}\left(\frac{v_1}{v_p}\right)^2 e^{-\frac{v_1^2}{v_p^2}} \frac{\Delta v}{v_p} = \frac{4}{\sqrt{\pi}}\left(\frac{v_p}{v_p}\right)^2 e^{-\frac{v_p^2}{v_p^2}} \frac{0.01v_p}{v_p} = 0.830\%$$

（2）$\dfrac{\Delta N_1}{\Delta N_2} = \left(\dfrac{v_1}{v_2}\right)^2 e^{-\frac{v_1^2}{v_p^2}+\frac{v_2^2}{v_p^2}} = \left(\dfrac{v_p}{0.5v_p}\right)^2 e^{-\frac{v_p^2}{v_p^2}+\frac{(0.5v_p)^2}{v_p^2}} = 1.89$

（3）$\dfrac{\Delta N_1}{\Delta N_3} = \left(\dfrac{v_1}{v_3}\right)^2 e^{-\frac{v_1^2}{v_p^2}+\frac{v_3^2}{v_p^2}} = \left(\dfrac{v_p}{2v_p}\right)^2 e^{-\frac{v_p^2}{v_p^2}+\frac{(2v_p)^2}{v_p^2}} = 5.02$

第8章 热力学基础(一)

一、 填空题

1. 在热力学第一定律表达式 $Q=W+\Delta E$ 中所涉及的 Q、W 和 ΔE 这三个物理量中,属于过程量的是_____;属于状态量的是_____。

2. 体积一定的绝热容器内储有 1 mol 的某种刚性分子理想气体。现从外界传入 2.5×10^{2} J 的热量,测得其温度升高 20 K,该气体分子的自由度为_____。

3. 公式 $W=\int \mathrm{d}W=\int_{V_1}^{V_2} p\,\mathrm{d}V$ 只适用于气缸中的气体系统,这一说法是_____的。(选"正确"或"错误"填写)

4. 若理想气体在某过程中,(1)参量满足方程 $p\,\mathrm{d}V=\dfrac{M}{M_{\mathrm{mol}}}R\,\mathrm{d}T$,则该过程为_____过程;(2)参量满足方程 $V\,\mathrm{d}p=\dfrac{M}{M_{\mathrm{mol}}}R\,\mathrm{d}T$,则该过程为_____过程;(3)参量满足方程 $p\,\mathrm{d}V+V\,\mathrm{d}p=0$,则该过程为_____过程。

5. 若刚性双原子分子理想气体在等压过程中内能增加了 1000 J,那么吸收的热量为_____ J;若单原子分子理想气体在等压过程中内能增加了 1000 J,那么吸收的热量为_____ J。

6. 理想气体的比热容比为 $\gamma=\dfrac{C_{p,\mathrm{m}}}{C_{V,\mathrm{m}}}$,对单原子分子理想气体,$\gamma=$_____;对刚性双原子分子理想气体 $\gamma=$_____。

7. 绝热过程中,系统的内能减小了 950`J,那么系统对外做功为_____ J。

8. 如图 1 所示,某种理想气体的等温曲线和绝热曲线相交于 A 点,绝热曲线斜率与等温曲线斜率在该点的比值为 1.4,则该种理想气体的等体摩尔热容 $C_{V,\mathrm{m}}=$_____。

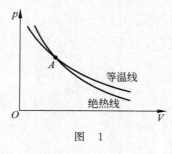

图 1

9. 若一定质量的理想气体经过压缩过程后体积减小了一半,同时外界对系统做的功最大,则这个过程是_____过程。(选"绝热""等温"或"等压"填写)。

二、　计算题

1. 如图 2 所示，一定量的理想气体经历 ACB 过程时吸热 300 J。（1）求经历 ACB 过程做的功 W_{ACB}；（2）若系统经 $ACBDA$ 循环，吸热为多少？

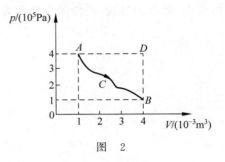

图　2

2. 1 mol 理想气体氢气在温度为 20℃时的体积为 V_0，现保持体积不变，加热使其温度升高到 80℃，然后令其等温膨胀，体积变为原来的 2 倍。（1）示意性地将过程画在 p-V 图上；（2）计算该过程中气体所做的功、内能增量和吸收的热量。

3. 1 mol 理想气体氢气在温度为 20℃时体积为 V_0，现使其等压膨胀到原体积的 2 倍，然后保持体积不变温度变化至 80℃。（1）将过程示意性地画在 p-V 图上；（2）计算该过程中气体所做的功、内能的增量和吸收的热量。

4. 2 mol 单原子理想气体系统,起始状态 A 的温度是 27℃,此系统先作等压膨胀至状态 B,体积增大到 2 倍,然后再作绝热膨胀至状态 C,温度变化到起始温度。求系统在整个过程中,吸收的热量、内能的变化和对外做的功。

5. 如图 3 所示,某理想气体在 p-V 图上等温线与绝热线相交于 A 点。已知 A 点的压强 $p_1 = 2 \times 10^5$ Pa,体积 $V_1 = 0.5 \times 10^{-3}$ m³,且 A 点处绝热线斜率与等温线斜率的比值为 1.4。现使气体从 A 点绝热膨胀至 B 点,其体积 $V_2 = 1.0 \times 10^{-3}$ m³。求:(1)B 点处的压强 p_2;(2)在此过程中气体对外做的功和内能的变化。

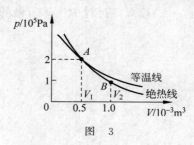

图 3

第 8 章　热力学基础(二)

一、 填空题

1. 如果热机的工质所经历的循环过程的各分过程都是准静态过程,则整个过程在 p-V 图上为一条_____时针绕行的闭合曲线;如果致冷机的工质所经历的循环过程的各分过程都是准静态过程,则整个过程在 p-V 图上为一条_____时针绕行的闭合曲线。(两空均选"逆""顺"填写)

2. 一热机的效率是 0.21,那么,若经一循环吸收 1000 J 热量,它所做的净功是_____J;放出的热量是_____J。

3. 一个卡诺热机高温热源的绝对温度是低温热源温度的 n 倍,在一次循环中,工作物质从高温热源吸热 Q_1,则传递给低温热源的热量 $Q_2 =$_____Q_1。

4. 现有致冷系数为 2.5 的致冷机从冷凝室吸热 4.0×10^6 J,则对它做的功为_____J;它向周围环境放热_____J。

5. 一台冰箱工作时,其冷冻室的温度为 $-10 ℃$,室温为 $25 ℃$,按照理想卡诺循环计算,则此致冷机每消耗 1000 J 的功,可从冷冻室吸出的热量为_____J。

二、 计算题

1. 如图 1 所示,使 1 mol 理想气体氧气进行 $ABCA$ 的循环,已知 AB 为等温过程,CA 为绝热过程,设 $T_A = 300$ K,$V_1 = 4.1 \times 10^{-3}$ m³,$V_2 = 41.0 \times 10^{-3}$ m³。求:(1)循环过程中气体所做的净功、吸收的热量;(2)循环效率。

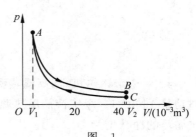

图　1

2. 1 mol 理想气体在 400 K 和 300 K 两热源之间进行卡诺热机循环,在 400 K 的等温线上,初始体积为 1×10^{-3} m³,最后体积为 5×10^{-3} m³。计算气体在一次循环过程中:(1)从高温热源吸收的热量;(2)所做的功;(3)向低温热源放出的热量。

3. 如图 2 所示,一定量的某种理想气体作卡诺循环 $ABCDA$,其中 AB、CD 为两个等温过程,BC、DA 为两个绝热过程,高温热源温度 $T_1 = 400$ K,低温热源温度 $T_2 = 280$ K,设 $p_1 = 10$ atm,$V_1 = 10 \times 10^{-3}$ m³,$V_2 = 20 \times 10^{-3}$ m³。求:(1)循环效率;(2)一次循环吸收的热量 Q_1、放出的热量 Q_2(按循环过程中 Q_1、Q_2 的定义计算),所做的净功 W。

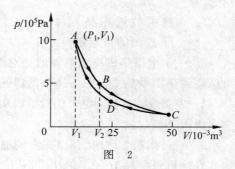

图 2

4. 一个卡诺热机,当高温热源的温度为 227℃、低温热源的温度为 27℃时,一次循环的净功是 16000 J。今维持低温热源的温度和两绝热线均不变,提高高温热源的温度,使其一次循环的净功增为 20000 J。求:(1)高温热源温度提高前,热机效率;一次循环吸收的热量、放出的热量;(2)高温热源温度提高后,一次循环吸收的热量、放出的热量;热机效率。(吸收的热量、放出的热量按循环过程中的定义计算)

第 8 章　热力学基础(三)

一、 填空题

1. 自然界实际发生的热力学过程不可避免地存在能量耗散与非静态效应,因此都是_____过程。

2. 理想气体作等温膨胀时,气体从单一热源吸收的热量全部用来对外做功,这_____热力学第二定律的开尔文表述;致冷机中热量从低温物体传向高温物体,这_____热力学第二定律的克劳修斯表述。(两空均选"违反""不违反"填写)

3. 由绝热材料包围的容器被隔板隔为两半,左边是理想气体,右边是真空。如果把隔板撤去,气体将进行自由膨胀,达到平衡后,气体的温度_____(选"升高""降低"或"不变"填写);气体的熵_____(选"增加""减小"或"不变"填写)。

4. 孤立系统的平衡态对应热力学概率为最大值的宏观状态,亦即该系统内分子运动处于_____的状态。(选"最有序""最无序"填写)

5. 玻耳兹曼熵 S 与热力学概率 Ω 的关系为_____。

6. 若孤立系统的初始处于非平衡态,系统将自发地向 ΔS _____ 0 的方向过渡(选">""<"或"="填写),并最后到达具有熵_____的平衡态(选"最大"或"最小"填写)。

二、 计算题

1. 6 g 刚性分子理想气体氢气分别经(1)等体过程;(2)等压过程,温度从 127℃ 升高到 177℃,熵变分别是多少?

2. 1 kg 100℃ 的热水冷却到环境温度 27℃。已知水的比热容[1 kg 的物质温度升高(或降低)1 K 时所吸收(或放出)的热量] $c = 4.18 \times 10^3$ J/(kg·K)。求该过程中:(1)水的熵变;(2)环境的熵变;(3)判断该过程是否可逆。

参 考 解 答

热力学基础（一）

一、填空题

1. Q、W；ΔE

2. 3

3. 错误

4. （1）等压；（2）等体；（3）等温

5. 1400；5000/3

6. 5/3；7/5

7. 950

8. $\dfrac{5}{2}R$

9. 绝热

二、计算题

1. **解** （1）由题图可见，$p_A V_A = p_B V_B$，所以 $T_A = T_B$，经历 ACB 过程，$\Delta E = 0$，$W_{ACB} = 300$ J。

（2）系统经 $ACBDA$ 循环过程，$\Delta E = 0$

吸热 $Q = W = W_{ACB} + W_{BDA} = 300 \text{ J} - 4 \times 10^5 \times (4-1) \times 10^{-3} \text{ J} = -900 \text{ J}$，即放热 900 J。

2. **解** （1）过程曲线如解用图 1 中 ABC 所示。

（2）$W = W_{AB} + W_{BC} = W_{BC} = \displaystyle\int_{V_B}^{V_C} p \, dV$

$\qquad = \displaystyle\int_{V_0}^{2V_0} RT_B \frac{dV}{V} = RT_B \ln \frac{2V_0}{V_0}$

$\qquad = 8.31 \times (273 + 80) \times \ln 2 \text{ J} = 2033 \text{ J}$

$\Delta E = \Delta E_{AB} + \Delta E_{BC} = \Delta E_{AB} = C_{V,\mathrm{m}} (T_B - T_A)$

$\qquad = \dfrac{5}{2} \times 8.31 \times (80 - 20) \text{ J} = 1247 \text{ J}$

$\quad Q = \Delta E + W = 3280 \text{ J}$

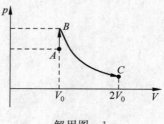

解用图　1

3. **解** （1）过程曲线如解用图 2 中 ABC 所示。

注意 $T_B = 2T_A = 586$ K $> T_C = 353$ K，$B \to C$ 是等体降温。

（2）$W = W_{AB} + W_{BC} = W_{AB}$

$\qquad = p(V_B - V_A) = pV_0 = \nu RT_A = 1 \times 8.31 \times 293 \text{ J}$

$\qquad = 2435 \text{ J}$

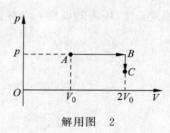

解用图　2

$$\Delta E = \Delta E_{AB} + \Delta E_{BC} = C_{V,m}(T_B - T_A) + C_{V,m}(T_C - T_B)$$

$$= C_{V,m}(T_C - T_A) = \frac{3}{2} \times 8.31 \times (80 - 20)\ \text{J} = 748\ \text{J}$$

$$Q = W + \Delta E = 3183\ \text{J}$$

4. **解** $T_A = 300\ \text{K},\ T_B = \dfrac{V_B}{V_A}T_A = 600\ \text{K}$

$$Q = Q_{AB} + Q_{BC} = Q_{AB} = \nu C_{p,m}(T_B - T_A) = 2 \times \frac{5}{2} \times 8.31 \times (600 - 300)\ \text{J} = 12465\ \text{J}$$

由于终态温度等于初态温度,所以 $\Delta E = 0$; $W = Q = 12465\ \text{J}$。

5.(1)**解** A 点处绝热线斜率与等温线斜率之比为 1.4,即 $\gamma = 1.4$,

$$p_1 V_1^\gamma = p_2 V_2^\gamma,\ p_2 = p_1\left(\frac{V_1}{V_2}\right)^\gamma = 2 \times 10^5 \times \left(\frac{0.5}{1}\right)^{1.4}\ \text{Pa} = 7.58 \times 10^4\ \text{Pa}$$

(2)**解法 1** $pV = \nu RT$

$$\Delta E = E_2 - E_1 = \nu C_{V,m}(T_2 - T_1) = \nu \frac{i}{2} R(T_2 - T_1) = \frac{i}{2}(p_2 V_2 - p_1 V_1)$$

$$= \frac{5}{2} \times (7.58 \times 10^4 \times 1.0 \times 10^{-3} - 2 \times 10^5 \times 0.5 \times 10^{-3})\ \text{J} = -60.5\ \text{J}$$

$$W_Q = -\Delta E = 60.5\ \text{J}$$

解法 2 $$W_Q = \int_{V_1}^{V_2} p\,\mathrm{d}V = p_1 V_1^\gamma \int_{V_1}^{V_2} \frac{\mathrm{d}V}{V^\gamma} = \frac{p_1 V_1 - p_2 V_2}{\gamma - 1}$$

$$= \frac{1}{1.4 - 1} \times (2 \times 10^5 \times 0.5 \times 10^{-3} - 7.58 \times 10^4 \times 1.0 \times 10^{-3})\ \text{J} = 60.5\ \text{J}$$

$$\Delta E = -W_Q = -60.5\ \text{J}$$

热力学基础(二)

一、填空题

1. 顺;逆

2. 210;790

3. $\dfrac{1}{n}$

4. 1.6×10^6;5.6×10^6

5. 7514

二、计算题

1. **解** (1)循环过程中吸热的分过程为 AB,做功的分过程为 AB 和 CA,设 $T_C = T_2$,记 $T_A = T_1$,$Q_1 = W_{AB} = RT_1 \ln \dfrac{V_2}{V_1} = 8.31 \times 300 \times \ln \dfrac{4.1}{0.41}\ \text{J} = 5.74 \times 10^3\ \text{J}$

$$T_1 V_1^{\gamma-1} = T_2 V_2^{\gamma-1},\quad T_2 = T_1\left(\frac{V_1}{V_2}\right)^{\gamma-1}$$

$$W_{CA} = -C_{V,m}(T_1 - T_2) = -C_{V,m}T_1 \times \left[1 - \left(\frac{V_1}{V_2}\right)^{\gamma-1}\right]$$

$$= -\frac{5}{2} \times 8.31 \times 300 \times \left[1 - \left(\frac{0.41 \times 10^{-3}}{4.1 \times 10^{-3}} \right)^{1.4-1} \right] J = -3.75 \times 10^{3} J$$

$$W = W_{AB} + W_{CA} = 1.99 \times 10^{3} J$$

(2) $\eta = \dfrac{W}{Q_1} = \dfrac{1.99 \times 10^{3}}{5.74 \times 10^{3}} = 34.7\%$

2. 解 (1) $Q_1 = RT_1 \ln \dfrac{V_2}{V_1} = 8.31 \times 400 \times \ln \dfrac{0.005}{0.001} J = 5.35 \times 10^{3} J$

(2) $\eta_C = 1 - \dfrac{T_2}{T_1} = 1 - \dfrac{300}{400} = 25\%$

由 $\eta_C = \dfrac{W}{Q_1}$ 得 $W = \eta_C Q_1 = 0.25 \times 5.35 \times 10^{3} J = 1.34 \times 10^{3} J$

(3) $Q_2 = Q_1 - W = 5.35 \times 10^{3} J - 1.34 \times 10^{3} J = 4.01 \times 10^{3} J$

3. 解 (1) $\eta_C = 1 - \dfrac{T_2}{T_1} = 1 - \dfrac{280}{400} = 30\%$

(2) $Q_1 = W_{12} = \displaystyle\int_{V_1}^{V_2} p\, \mathrm{d}V = p_1 V_1 \int_{V_1}^{V_2} \frac{\mathrm{d}V}{V} = p_1 V_1 \ln \frac{V_2}{V_1}$

$$= 10 \times 1.013 \times 10^{5} \times 10 \times 10^{-3} \times \ln 2\ J = 7022\ J$$

由 $\eta_C = \dfrac{W}{Q_1}$ 得

$$W = \eta_C Q_1 = 2107\ J$$
$$Q_2 = Q_1 - W = 4915\ J$$

4. 解 (1) $\eta_C = 1 - \dfrac{T_2}{T_1} = 1 - \dfrac{300}{500} = 40\%$

由 $\eta_C = \dfrac{W}{Q_1}$ 得

$$Q_1 = \frac{W}{\eta_C} = \frac{16000}{0.40}\ J = 4 \times 10^{4}\ J$$

$$Q_2 = Q_1 - W = 40000\ J - 16000\ J = 24000\ J$$

(2) 依题意,高温热源源提高后,仍保持低温热源温度(即等温压缩线)与两条绝热线均不变,可知此时一次循环放热为

$$Q_2' = Q_2 = 24000\ J$$
$$Q_1' = Q_2' + W' = 24000\ J + 20000\ J = 44000\ J$$
$$\eta_C' = \frac{W'}{Q_1'} = \frac{20000}{44000} = 45.4\%$$

热力学基础(三)

一、填空题

1. 不可逆

2. 不违反;不违反

3. 不变;增加

4. 最无序

5. $S = k\ln\Omega$

6. ＞；最大

二、计算题

1. **解**　（1）$\Delta S_V = \int_{T_1}^{T_2} \frac{\nu C_{V,m} dT}{T} = \nu C_{V,m} \ln\frac{T_2}{T_1} = \frac{6\times 10^{-3}}{2\times 10^{-3}} \times \frac{5}{2} \times 8.31 \times \ln\frac{450}{400}$ J/K

$\qquad\qquad = 7.34$ J/K

（2）$\Delta S_p = \int_{T_1}^{T_2} \frac{\nu C_{p,m} dT}{T} = \nu C_{p,m} \ln\frac{T_2}{T_1} = \frac{6\times 10^{-3}}{2\times 10^{-3}} \times \frac{7}{2} \times 8.31 \times \ln\frac{450}{400}$ J/K $= 10.3$ J/K

2. **解**　（1）设想水依次与一系列温差无限小的热源接触取得热平衡进行降温，水的熵变为

$$\Delta S_{水} = \int_{T_1}^{T_2} \frac{dQ}{T} = Mc\int_{T_1}^{T_2} \frac{dT}{T} = Mc\ln\frac{T_2}{T_1} = 1\times 4.18\times 10^3 \times \ln\frac{300}{373}$$ J/K

$$= -9.10\times 10^2 \text{ J/K}$$

（2）周围环境吸收水放出的热量产生的熵变

$$\Delta S_{环境} = \frac{Q}{T_2} = \frac{Mc(T_1 - T_2)}{T_2} = \frac{1\times 4.18\times 10^3 \times 73}{300}$$ J/K $= 1.017\times 10^3$ J/K

（3）对于水和环境组成的孤立系统，其总的熵变 $\Delta S = \Delta S_{水} + \Delta S_{环境} = 107$ J/K 是增加了，所以该过程是不可逆的。

第 9 章　机械振动（一）

一、填空题

1. 在图 1 中画出振动表达式为 $x = 0.04\cos 2\pi t$ m 的振子在 $t = 0, 0.25$ s$, 0.5$ s 各时刻的旋转矢量，并在每个旋转矢量旁标注相应的时刻。

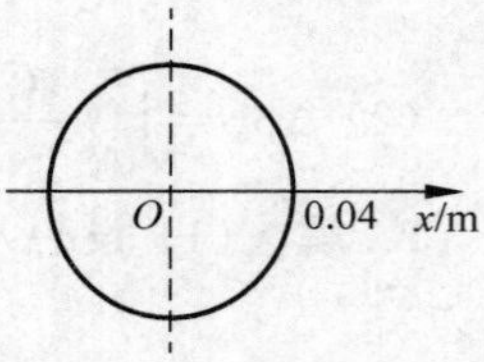

2. 若将一弹簧振子的弹簧截短一半，则该振子作简谐振动的频率变为原来的_____倍。

3. 某物体沿 x 轴作简谐振动，周期为 T，最大加速度为 a_{max}，则其振幅 $A =$_____。

4. 某物体沿 x 轴作简谐振动，振幅为 A，若初始位移 $x_0 = A/2$，初始速度沿 Ox 轴正方向，则初相为_____；若初始时，物体处于平衡位置且向负方向运动，则初相为_____。

5. 如图 2 所示，最大摆角为 $\theta_0 (\theta_0 < 0.1 \text{ rad})$ 的单摆在 $t = 0$ 时处于左边最大摆角处。若取逆时针方向为角位移的正方向，则初相为_____。

6. 最大摆角为 $\theta_0 (\theta_0 < 0.1 \text{ rad})$ 的单摆在 $t = 0$ 时处于图 3 所示的位置。若取顺时针方向为角位移正方向，则初相 $\phi_0 =$_____。

图　1

图　2

图　3

7. 单摆的角振幅 $\theta_m = 0.1$ rad，周期 $T = 0.5$ s，则最大的摆动角速度 $\left.\dfrac{d\theta}{dt}\right|_{max} =$ _____ rad/s。

二、计算题

1. 一简谐振子的振动表达式为 $x = 4\cos\left(\dfrac{\pi}{2}t + \dfrac{\pi}{6}\right)$ m。求：（1）振动的振幅、周期、频率和初相位；（2）振动速度和加速度的表达式；（3）$t = 1$ s 时的位移、速度和加速度。

2. 已知某质点作简谐振动的曲线 x-t 如图 4 所示,求质点振动的表达式。

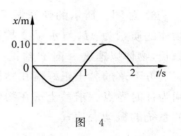

图　4

3. 已知某质点作简谐振动的曲线 x-t 如图 5 所示。求质点振动的(1)振幅与初相;(2)角频率;(3)表达式。

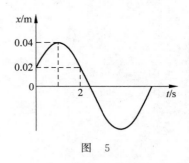

图　5

4. 一物体沿 x 轴作简谐振动,振幅 $A=0.16$ m,周期 $T=4$ s。当 $t=0$ 时,物体的位移 $x_0=0.08\sqrt{2}$ m,且向 x 轴正方向运动。对此简谐振动,求:(1)振动表达式;(2)物体从 $x=-0.08$ m 向 x 轴负方向运动,第一次回到平衡位置所需的时间。

5. 如图 6 所示的弹簧振子,弹簧的劲度系数 $k=1.60$ N/m,物体的质量 $m=0.40$ kg,O 点为平衡位置,取向右为 Ox 的正方向。将物体从 O 点向左移到 0.10 m 处后释放,取此时为计时零点,求振子的振动表达式。

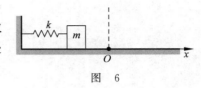

图　6

6. 如图 7 所示的弹簧振子,已知弹簧的劲度系数为 k,物体的质量为 M,与水平支撑面光滑接触。开始时弹簧为原长,物体以速度 v 向 x 轴正方向运动。一质量为 m、从其正上方下落的黏土正好落在物体上,取黏土落到物体上的瞬间为计时零点。求黏土落在物体上后,弹簧振子和泥土组成的系统的振动表达式。

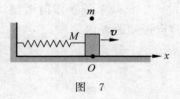

图 7

7. 一物体质量为 $0.25\ \text{kg}$,在劲度系数 $k = 25\ \text{N/m}$ 的弹簧作用下作简谐振动。如果起始振动时具有势能 $0.06\ \text{J}$ 和动能 $0.02\ \text{J}$,求:(1)振动的振幅;(2)动能正好等于势能时的位移;(3)经过平衡位置时物体的速度。

第 9 章　机械振动(二)

一、　填空题

1. 一弹簧振子作简谐振动,当其偏离平衡位置的距离为振幅的 1/4 时,其动能与总机械能的比值为_____。

2. 一个弹簧振子的振幅增大到两倍时,振子的最大速度为原来的_____倍;最大加速度为原来的_____倍;振动的能量为原来的_____倍。

3. 将两个振动方向、振幅、周期均相同的简谐振动 1 和 2 叠加后,合成振动的振幅与两个简谐振动的振幅相同,简谐振动 2 与 1 的相位差[取值范围为 $(-\pi,\pi)$]为_____。

4. 同方向同频率的两个简谐振动表达式分别为 $x_1 = 0.04\cos(\omega t + \pi/6)$ m,$x_2 = 0.03\cos(\omega t + 2\pi/3)$ m,其合振动的振幅是_____ m。

5. 一质点同时参与两个在同一直线上的简谐振动,$x_1 = 0.06\cos(3t + \pi/3)$ m 和 $x_2 = 0.04\cos(3t - 2\pi/3)$ m,则其合振动的振幅为_____ m;初相位为_____;合振动的表达式 $x =$ _____ m。

6. 频率较大而频率之差很小的两个同方向简谐振动的合振动具有特殊的性质,即合振动的振幅随时间会发生周期性的变化,这种现象称为_____。

7. 一质点同时参与两个同频率的互相垂直的简谐振动

$$x = A\cos\omega t , \quad y = A\cos(\omega t + \pi/2)$$

则该质点的合振动的轨迹为_____时针方向的圆。

二、　计算题

1. 一质点同时参与两个在同一直线上的简谐振动:

$$x_1 = 0.04\cos(2\pi t + \pi/2) \text{ m}, \quad x_2 = 0.03\cos(2\pi t - \pi/2) \text{ m},$$

求合振动的(1)振幅;(2)初相位;(3)表达式。

2. 已知两简谐振动的表达式分别为：$x_1 = 0.4\cos 2\pi t$ m，$x_2 = 0.2\sin 2\pi t$ m。求合振动的(1)振幅；(2)初相位；(3)表达式。

3. 如图 1 所示为两个简谐振动(1)、(2)的振动曲线，这两个振动的周期均为 T，振幅分别是 A_1 和 A_2。求这两个振动的合振动的(1)振幅；(2)初相位；(3)表达式。

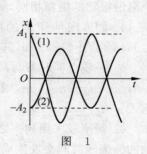

图 1

参 考 解 答

机械振动(一)

一、填空题

1. 见填空题 1 答用图。

2. $\sqrt{2}$(提示:轻弹簧如一端固定,当另一端受拉力时,其伸长与弹簧的长度成正比,劲度系数为弹簧伸长单位长度时所需的力,可知其与弹簧长度成反比。)

填空题 1 答用图

3. $\dfrac{a_{\max}T^2}{4\pi^2}$

4. $-\dfrac{\pi}{3}$; $\pi/2$

5. π

6. π

7. 0.4π(或 1.26)

二、计算题

1. **解**　(1) $A=4$ m,$T=\dfrac{2\pi}{\omega}=\dfrac{2\pi}{\pi/2}=4$ s,$\nu=\dfrac{1}{T}=\dfrac{1}{4}$ Hz,$\phi_0=\dfrac{\pi}{6}$

(2) $v=\dfrac{\mathrm{d}x}{\mathrm{d}t}=-2\pi\sin\left(\dfrac{\pi}{2}t+\dfrac{\pi}{6}\right)$ m/s,$a=\dfrac{\mathrm{d}^2x}{\mathrm{d}t^2}=-\pi^2\cos\left(\dfrac{\pi}{2}t+\dfrac{\pi}{6}\right)$ m/s^2

(3) $x(1)=4\cos\left(\dfrac{\pi}{2}+\dfrac{\pi}{6}\right)=-2.0$ m,$v(1)=-2\pi\sin\left(\dfrac{\pi}{2}+\dfrac{\pi}{6}\right)=-5.44$ m/s,

$a(1)=-\pi^2\cos\left(\dfrac{\pi}{2}+\dfrac{\pi}{6}\right)=4.93$ m/s^2

2. **解**　设振动表达式为 $x=A\cos(\omega t+\phi_0)$。

从题图可知 $A=0.1$ m,$T=2$ s,$\omega=2\pi/T=\pi$。

当 $t=0$ 时,$x_0=0$ m,由此 $0.1\cos\phi_0=0$,$\phi_0=\pm\dfrac{\pi}{2}$;又 $v_0=-A\omega\sin\phi_0<0$,所以 $\sin\phi_0>0$,得

$$\phi_0=\pi/2$$
$$x=0.1\cos(\pi t+\pi/2)\ \text{m}$$

3. **解**　设振动表达式为 $x=A\cos(\omega t+\phi_0)$。

(1) 从题图可知 $A=0.04$ m。

当 $t=0$ 时,$x_0=0.02$ m,由此 $0.04\cos\phi_0=0.02$,$\phi_0=\pm\pi/3$;$v_0=-A\omega\sin\phi_0>0$,$\phi_0<0$,即 $\phi_0=-\pi/3$。

（2）由 $t=2$ s, $x(2)=0.02$ m, 得

$$\cos(\omega \times 2 - \pi/3) = 1/2$$

$\omega \times 2 - \pi/3 = \pm \pi/3$, 与 $t=0$ 时相比, 只能取 $\pi/3$, 所以 $\omega \times 2 - \pi/3 = \pi/3$, 即 $\omega = \pi/3$。

也可以利用旋转矢量法确定 ω, 如解用图 1 所示, $t=0$ 和 $t=2$ s 时所对应的旋转矢量为 $\boldsymbol{A}_0$ 和 $\boldsymbol{A}_1$, 从而有 $\omega \times 2 = \pi/3 - (-\pi/3)$, 即 $\omega = \pi/3$。

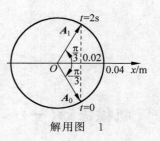

解用图　1

（3）$x = 0.04\cos\left(\dfrac{\pi}{3}t - \dfrac{\pi}{3}\right)$ m

4. 解

设振动表达式为 $x = A\cos(\omega t + \phi_0)$, 由题意可知, $\omega = 2\pi/T = \pi/2$, $A = 0.16$ m。

（1）当 $t=0$ 时, $x_0 = 0.08\sqrt{2}$ m, 由此 $0.16\cos\phi_0 = 0.08\sqrt{2}$, $\phi_0 = \pm \pi/4$, $v_0 = -A\omega\sin\phi_0 > 0$, $\phi_0 < 0$, 即 $\phi_0 = -\pi/4$。

$$x = 0.16\cos\left(\frac{\pi}{2}t - \frac{\pi}{4}\right)$$

（2）如解用图 2 所示, 物体在 $x = -0.08$ m 且向 x 轴负方向运动时, 旋转矢量位于 t_1 的位置, 第一次回到平衡位置时旋转矢量位于 t_2 的位置, 两状态之间的相位差为

$$\Delta\phi = \frac{3\pi}{2} - \frac{2\pi}{3} = \frac{5\pi}{6}$$

解用图　2

$$\Delta t = \frac{\Delta\phi}{\omega} = \frac{\dfrac{5\pi}{6}}{\dfrac{\pi}{2}} \text{ s} = \frac{5}{3} \text{ s}$$

5. 解　设振动表达式为 $x = A\cos(\omega t + \phi_0)$

$$\omega = \sqrt{k/m} = \sqrt{1.60/0.40} \text{ rad/s} = 2 \text{ rad/s}$$

由 $x_0 = -0.10$ m, $v_0 = 0$, 得

$$A = \sqrt{x_0^2 + \frac{v_0^2}{\omega^2}} = \sqrt{(-0.10)^2} \text{ m} = 0.1 \text{ m}$$

$x_0 = 0.1\cos\phi_0 = -0.1$, $\cos\phi_0 = -1$, $\phi_0 = \pi$

$$x = 0.1\cos(2t + \pi) \text{ m}$$

6. 解　设振动表达式为 $x = A\cos(\omega t + \phi_0)$。

$$\omega = \sqrt{\frac{k}{m + M}}$$

$x_0 = 0$, $\phi_0 = \pm \pi/2$, $(m+M)v_0 = Mv$, $v_0 = \dfrac{Mv}{m+M}$, $v_0 = -A\omega\sin\phi_0 > 0$。所以

$$\phi_0 = -\frac{\pi}{2}$$

$$\frac{1}{2}kA^2 = \frac{1}{2}(M+m)v_0^2, \quad A = \frac{Mv}{\sqrt{k(m+M)}}$$

$$x = \frac{Mv}{\sqrt{k(m+M)}}\cos\left(\sqrt{\frac{k}{m+M}}t - \frac{\pi}{2}\right)$$

7. 解 （1）$E = E_k + E_p = E_{k0} + E_{p0} = 0.06 + 0.02 = 0.08$ J $= \frac{1}{2}kA^2$，得

$$A = 0.08 \text{ m}$$

（2）动能等于势能时，动能与势能均为 0.04 J，$\frac{1}{2}kx^2 = 0.04$ J，得

$$x = \pm 0.0566 \text{ m}$$

（3）经过平衡位置时，势能为零，$\frac{1}{2}mv^2 = 0.08$ J，得

$$v = \pm 0.8 \text{ m/s}$$

机械振动（二）

一、填空题

1. $\dfrac{15}{16}$

2. 2；2；4

3. $\pm\dfrac{2\pi}{3}$

4. 0.05

5. 0.02；$\pi/3$；$0.02\cos(3t + \pi/3)$

6. 拍

7. 顺

二、计算题

1. 解 （1）$\phi_{20} - \phi_{10} = -\pi$，两者反相 $A = 0.04$ m $- 0.03$ m $= 0.01$ m

（2）合振动的初相与振幅较大的分振动 x_1 相同，即 $\phi_0 = \pi/2$

（3）$x = 0.01\cos(2\pi t + \pi/2)$ m

2. 解 （1）$x_2 = 0.2\sin2\pi t$ m $= 0.2\cos(2\pi t - \pi/2)$ m，$\phi_{10} = 0$，$\phi_{20} = -\pi/2$，

$$A = \sqrt{A_1^2 + A_2^2 + 2A_1A_2\cos(\phi_{20} - \phi_{10})} = \sqrt{A_1^2 + A_2^2} = 0.447 \text{ m}$$

（2）$\tan\phi_0 = \dfrac{A_1\sin\phi_{10} + A_2\sin\phi_{20}}{A_1\cos\phi_{10} + A_2\cos\phi_{20}} = -\dfrac{1}{2}$，$\phi_{20} < \phi_0 < \phi_{10}$，所以

$$\phi_0 = \arctan\left(-\frac{1}{2}\right) = -0.464 \text{ rad}$$

由 $A_1\sin\phi_{10} + A_2\sin\phi_{20} = -2$，$A_1\cos\phi_{10} + A_2\cos\phi_{20} = 4$，也可以判断 $\phi_0 \in (-\pi/2, 0)$。

［注意初相用弧度（rad）表示］

（3）　　　　　　　　　　　$x = 0.447\cos(2\pi t - 0.464)$ m

3. 解　$\omega = \dfrac{2\pi}{T}$

（1）当 $t = 0$ 时，$x_{10} = A_1$，得 $\phi_{10} = 0$。

$x_{20} = -A_2$，得 $\phi_{20} = \pi$。

$\phi_{20} - \phi_{10} = \pi$，两者反相。

$$A = A_1 - A_2$$

（2）合振动的初相与振幅较大的分振动 x_1 相同，即 $\phi_0 = 0$

（3）$x = (A_1 - A_2)\cos\dfrac{2\pi}{T}t$

第 10 章　机械波(一)

一、 填空题

1. 在各向同性的均匀介质中,波线与波面_____。

2. 一列平面简谐波频率为 200 Hz,波速为 6.0 m/s,则波长为_____ m;在波的传播方向上有两质点的振动相位差为 $5\pi/6$,则此两质点平衡位置的距离为_____ m。

3. 在平面简谐波的表达式 $y(x,t)=A\cos\left[\omega\left(t-\dfrac{x}{u}\right)+\phi_0\right]$ 中,$\omega\dfrac{x}{u}$ 表示 x 点处质元的振动_____原点处质元的振动的相位。(选"超前于""落后于"填写)

4. 设平面简谐波的波动表达式为 $y(x,t)=A\cos\left[\omega\left(t+\dfrac{x-x_0}{u}\right)+\phi_{x0}\right]$,其中 $\omega\dfrac{x-x_0}{u}$ 表示 x 点处质元的振动_____ x_0 点处质元振动的相位。(选"超前于""落后于"填写)

5. 一列平面简谐波的波动表达式为 $y=0.2\cos(\pi t-\pi x/2)$ m,则 x 处介质质点的振动速度 v 的表达式是_____ m/s;加速度 a 的表达式是_____ m/s²。

6. 一列以波速 u 沿着 x 轴正向传播的平面简谐横波,如原点处的质点的振动表达式为 $y=A\cos[\omega t+\phi_0]$,其波动表达式 $y(x,t)=$_____;如 $x=-1$ m 处的质点的振动表达式为 $y=A\cos[\omega t+\phi_0]$,其波动表达式 $y(x,t)=$_____。

7. 如图 1 所示为一简谐波在 $t=0$ 时刻与 $t=T/4$ 时刻(T 为周期)的波形图,则波沿 Ox 轴_____方向传播(选"正""负"填写);原点处质点的振动初相为_____;x_1 点处质点的振动初相为_____。

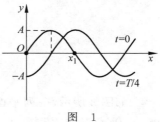

图　1

二、 计算题

1. 一列平面余弦波表达式为 $y=D\cos(Bt-Cx)$,式中 B、C、D 均为正常数。求:(1)波的振幅 A、波速 u、角频率 ω 和波长 λ,并指出波的传播方向;(2)$x=x_0$ 处质点的振动表达式;(3)$t=t_0$ 时的波形表达式;(4)任一 x 处质点的振动速度表达式。

2. 已知沿 x 轴负方向传播的平面余弦横波的周期 $T = 0.5$ s，波长 $\lambda = 1$ m，振幅 $A = 0.1$ m，$t = 0$ 时，原点质点位于 $y = 0.05\sqrt{2}$ m 且向 y 轴负方向运动。求波动表达式。

3. 一列平面余弦波以速度 $u = 20$ m/s 沿着 x 轴正方向传播，已知原点处质点振动曲线 y-t 如图 2 所示。求波动表达式。

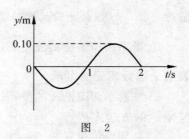

图　2

4. 如图 3 所示，一列平面余弦波以速度 $u = 400$ m/s 沿着 x 轴负方向传播，已知 A 点的振动表达式为 $y_A = 3 \times 10^{-3}\cos(400\pi t - \pi/2)$ m，$OA = 3$ m。求：(1) 该波的波长；(2) 原点 O 处质点的振动初相与振动表达式；(3) 波动表达式。

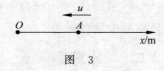

图　3

5. 一列平面余弦波以速度 $u=20$ m/s 沿着 x 轴负方向传播,已知 $x=10$ m 处质点振动曲线 y-t 如图 4 所示。求:(1)原点处质点的振动初相与振动表达式;(2)波动表达式。

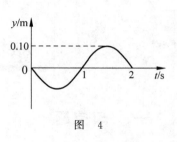

图　4

6. 如图 5 所示为一平面余弦横波在 $t=0$ 时的波形曲线,已知其周期 $T=2$ s,P、Q 两点相距 0.2 m,且 P 处质点的振动沿 y 轴负方向。求:(1)波的传播方向;(2)O 点的振动初相与振动表达式;(3)该波的波动表达式。

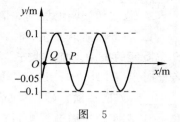

图　5

7. 一列沿 x 轴正方向传播的平面余弦波的周期 $T=1$ s,且在 $t=\dfrac{1}{6}$ s 时的波形如图 6 所示,P、Q 两点相距 0.2 m。求:(1)O 处质点的振动表达式;(2)该波的波动表达式。

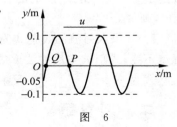

图　6

第 10 章 机械波（二）

一、填空题

1. 简谐波在传播过程中能量密度是周期变化的,若波源的振动周期为 T,则其能量密度的周期 $T' = $ _____ 。

2. 波在单位时间内通过介质中垂直于波线的单位面积的平均能量,称为波的 _____ 。

3. 若波的振幅增加到 3 倍,则波的强度增加到 _____ 倍。

4. 一平面简谐波在 t 时刻的波形如图 1 所示,若此时点 P 处介质质元的振动动能在增长,则该波沿 Ox 轴 _____ 方向传播;若此时点 P' 处介质质元的振动势能在增长,则该波沿 Ox 轴 _____ 方向传播。(两空均选"正""负"填写)

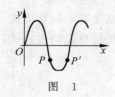

图 1

5. 在波的传播过程中,波阵面(波前)上的每一点都可以看作是发射子波的波源,在以后的任一时刻,这些子波的包络就是新的波前,上述原理称为 _____ 。

6. 如图 2 所示,两相干波源 S_1 和 S_2 相距 $3\lambda/4$。设两波在 S_1、S_2 连线方向上传播时,振幅都是 A,并且不随距离变化。已知在连线方向上,在 S_1 左侧的各点的合成强度为其中一个波强度的 4 倍,则 $\phi_{20} - \phi_{10} = $ _____ 。

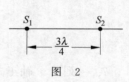

图 2

7. 如果入射波的表达式为 $y_1 = A\cos 2\pi(t/T + x/\lambda)$,在 $x = 0$ 处发生反射,反射后波的强度不变,入射波与反射波形成的驻波在反射点为波腹,则反射波在反射点 $x = 0$ 处的振动表达式为 $y_{Or} = $ _____ ;反射波的表达式为 $y_2 = $ _____ 。

二、计算题

1. 两列满足相干条件的平面余弦横波的波速为 0.20 m/s。如图 3 所示,波 1 沿 BP 方向传播,在 B 点的振动表达式为 $y_{10} = 0.2\cos(2\pi t)$ m;波 2 沿 CP 方向传播,在 C 点的振动表达式为 $y_{20} = 0.2\cos(2\pi t + \pi)$ m,且 $BP = 0.4$ m,$CP = 0.5$ m。求:(1)两列波传到 P 点时的相位差;(2)所引起的合振动的振幅;(3)合振动表达式。

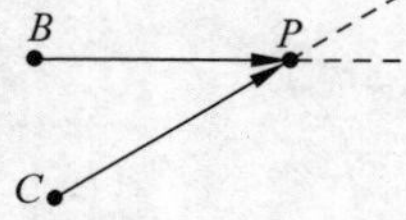

图 3

2. 位于 P、Q 两点的两个相干波源频率为 100 Hz、相位差为 0、振幅相等为 A 且沿 P、Q 连线方向传播时保持不变、波速为 200 m/s。若 P、Q 两点相距 10 m，求在 P、Q 连线方向上：(1)P、Q 两点外侧合成波的振幅；(2)P、Q 之间因干涉而静止的各点的位置。

3. 设入射波的表达式为 $y_1 = A\cos 2\pi(\nu t + x/\lambda)$，波在 $x=0$ 处反射，反射点为一固定端。设波在反射时无能量损失，求合成驻波的(1)表达式；(2)波腹位置。

4. 设入射波为 $y_1 = A\cos 2\pi(t/T - x/\lambda)$，在 $x=0$ 处反射，反射点为一自由端。求合成驻波的(1)表达式；(2)波节位置。

参考解答

机械波（一）

一、填空题

1. 垂直

2. 3×10^{-2}；1.25×10^{-2}

3. 落后于

4. 超前于

5. $v = -0.2\pi\sin(\pi t - \pi x/2)$；$a = -0.2\pi^2\cos(\pi t - \pi x/2)$

6. $A\cos\left[\omega\left(t - \dfrac{x}{u}\right) + \phi_0\right]$；$A\cos\left[\omega\left(t - \dfrac{x+1}{u}\right) + \phi_0\right]$

7. 正；$\pi/2$；$-\pi/2$

二、计算题

1. **解** （1）将表达式化为 $y = D\cos B\left(t - \dfrac{x}{B/C}\right)$，与标准形式 $y = A\cos\omega(t - x/u)$ 比较

得 $A = D$，$u = B/C$，$\omega = B$，$\lambda = u/\nu = (B/C)/(B/2\pi) = 2\pi/C$，波沿 Ox 轴正方向传播。

（2）$y|_{x=x_0} = D\cos(Bt - Cx_0)$

（3）$y|_{t=t_0} = D\cos(Bt_0 - Cx)$

（4）$v = \dfrac{\partial y}{\partial t} = -DB\sin(Bt - Cx)$

2. **解** 设波动表达式为 $y = A\cos[\omega(t + x/u) + \phi_0]$。$A = 0.1$ m，$\omega = 2\pi/T = 4\pi$，$u = \lambda/T = 2$ m/s。

$t = 0$ 时，原点处质点位于 $y = 0.05\sqrt{2}$ m 且向 y 轴负方向运动，得初相为 $\phi_0 = \pi/4$。
原点处质点的振动表达式为

$$y_O = 0.1\cos(4\pi t + \pi/4) \text{ m}$$

波动表达式为

$$y = 0.1\cos[4\pi(t + x/2) + \pi/4] \text{ m}$$

3. **解** 设波动表达式为 $y = A\cos[\omega(t - x/u) + \phi_0]$。由题图可知 $A = 0.1$ m，$T = 2$ s，$\omega = 2\pi/T = \pi$。

$t = 0$ 时，原点质点处于平衡位置且向 y 轴负方向运动，$\phi_0 = \pi/2$。
原点处质点的振动表达式为

$$y_O = 0.1\cos(\pi t + \pi/2) \text{ m}$$

波动表达式为

$$y = 0.1\cos[\pi(t - x/20) + \pi/2] \text{ m}$$

4. **解**　(1) 由 $y_A = 3 \times 10^{-3} \cos(400\pi t - \pi/2)$ m,得 $\omega = 400\pi$ rad/s,$T = 0.005$ s,$\lambda = uT = 400 \times 0.005$ m $= 2$ m。

(2) A 处质点的振动超前于 O 处质点的振动的相位为 $\phi_A - \phi_O = 2\pi\Delta x/\lambda = 2\pi \times 3/2 = 3\pi$,得

$$\phi_O = \phi_A - 3\pi = -7\pi/2$$

振动表达式为

$$y_O = 3 \times 10^{-3} \cos(400\pi t - 7\pi/2) \text{ m}$$

(3) 以 O 点为原点的波动表达式为

$$y = 3 \times 10^{-3} \cos[400\pi(t + x/400) - 7\pi/2] \text{ m}$$

5. **解**　由题图可知,$A = 0.1$ m,$T = 2$ s,$\lambda = uT = 20 \times 2$ m $= 40$ m

(1) $t = 0$ 时,$x = 10$ m 处质点处于平衡位置且向 y 轴负方向运动,$\phi_{10} = \pi/2$,$\phi_{10} - \phi_0 = 2\pi\Delta x/\lambda = 2\pi \times 10/40 = \pi/2$,$\phi_0 = \phi_{10} - \pi/2 = 0$。

振动表达式为

$$y_O = 0.1\cos\pi t \text{ m}$$

(2) 波动表达式为

$$y = 0.1\cos\pi(t + x/20) \text{ m}$$

6. **解**　由题图与题意可知,$A = 0.1$ m,$\overline{QP} = \lambda/2 = 0.2$ m,$\lambda = 0.4$ m,$T = 2$ s,$\omega = \pi$,$u = \lambda/T = 0.2$ m。

(1) 当 $t = 0$ 时,P 处质点的振动沿 y 轴负方向,可知波沿 x 轴负方向传播。

(2) 当 $t = 0$ 时,O 点的振动状态为 $y_O|_{t=0} = -0.05$ m,$v_O|_{t=0} > 0$,$\phi_0 = -2\pi/3$。

振动表达式为

$$y_O = 0.1\cos(\pi t - 2\pi/3) \text{ m}$$

(3) 波动表达式为

$$y = 0.1\cos[\pi(t + x/0.2) - 2\pi/3] \text{ m}$$

7. **解**　设波动表达式为 $y = A\cos[\omega(t - x/u) + \phi_0]$。由题图及题意可得 $A = 0.10$ m,$\overline{QP} = \lambda/2 = 0.2$ m,$\lambda = 0.4$ m,$T = 1$ s,$\omega = 2\pi$,$u = \lambda/T = 0.4$ m/s。

(1) $y_O\big|_{t=\frac{1}{6}s} = -0.05$ m,$v_O\big|_{t=\frac{1}{6}s} < 0$,即 $t = \frac{1}{6}$s,O 点的位相为 $\frac{2}{3}\pi$,于是 $2\pi \times \frac{1}{6} + \phi_0 = \frac{2}{3}\pi$,得 $\phi_0 = \frac{1}{3}\pi$

振动表达式为

$$y_O = 0.1\cos(2\pi t + \pi/3) \text{ m}$$

(2) 波动表达式为

$$y = 0.1\cos[2\pi(t - x/0.40) + \pi/3] \text{ m}$$

机械波(二)

一、填空题

1. $T/2$
2. 能流密度(或强度)
3. 9
4. 正;负

5. 惠更斯原理

6. $3\pi/2 \pm 2k\pi, k=0,1,2,\cdots$

7. $A\cos 2\pi t/T$；$A\cos 2\pi(t/T - x/\lambda)$

二、计算题

1. **解** （1）$\omega=2\pi, \nu=1 \text{ Hz}, \lambda=\dfrac{u}{\nu}=0.20 \text{ m}$

$$\Delta\phi = \phi_{20} - \phi_{10} - 2\pi\frac{CP-BP}{\lambda} = \pi - 2\pi \times \frac{0.5-0.4}{0.2} = 0$$

（2）由（1）可知，波 1 和波 2 传到 P 点时同相，所以

$$A = 0.2 \text{ m} + 0.2 \text{ m} = 0.4 \text{ m}$$

（3）波 1 和波 2 传到 P 点时同相，合振动的初相与任一列波传到 P 点时的相位相同，波 1 传到 P 点时，振动的相位为

$$\phi_{10} - 2\pi\frac{BP}{\lambda} = 0 - 2\pi \times \frac{0.4}{0.2} = -4\pi$$

即合振动的初相为

$$\phi_0 = -4\pi$$

合振动表达式为

$$y = 0.4\cos(2\pi t - 4\pi) \text{ m}$$

2. **解** $\lambda = u/\nu = 2 \text{ m}$。如解用图 1 所示，取 P 点为坐标原点，P、Q 连线为 x 轴，任意点 S 的坐标为 x。

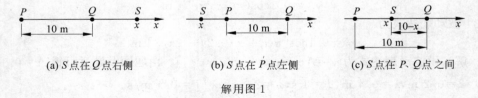

(a) S 点在 Q 点右侧　　　(b) S 点在 P 点左侧　　　(c) S 点在 P、Q 点之间

解用图 1

（1）S 点在 Q 点右侧［解用图 1(a)］，$r_Q = x-10, r_P = x$，有

$$\Delta\phi = \phi_{Q0} - \phi_{P0} - \frac{2\pi}{\lambda}(r_Q - r_P) = 0 - \frac{2\pi}{2} \times (x-10-x) = 10\pi$$

干涉相长，合成振幅为 $2A$。

S 点在 P 点左侧［解用图 1(b)］，$r_Q = |x|+10, r_P = |x|$，有

$$\Delta\phi = \phi_{Q0} - \phi_{P0} - \frac{2\pi}{\lambda}(r_Q - r_P) = 0 - \frac{2\pi}{2} \times (10+|x|-|x|) = -10\pi$$

干涉相长，合成振幅为 $2A$。

（2）S 点在 P、Q 之间［解用图 1(c)］，$r_Q = 10-x, r_P = x$，干涉相消时

$$\Delta\phi = \phi_{Q0} - \phi_{P0} - \frac{2\pi}{\lambda}(r_Q - r_P) = 0 - \frac{2\pi}{2} \times (10-x-x) = \pm(2k+1)\pi$$

解得

$$x = 5 \pm (k+1/2)$$

由 $0 < x < 10, k$ 可以取 $4,3,2,1,0$，得 $x = 1/2 \text{ m}, 3/2 \text{ m}, 5/2 \text{ m}, \cdots, 19/2 \text{ m}$，计 10 点。

3. **解**　（1）入射波在入射点的振动表达式为
$$y_{Oi} = A\cos 2\pi\nu t$$
由题意,反射波有半波损失,在入射点的振动表达式为
$$y_{Or} = A\cos(2\pi\nu t + \pi)$$
反射波的表达式为
$$y_2 = A\cos[2\pi(\nu t - x/\lambda) + \pi]$$
合成驻波的表达式为
$$y = y_1 + y_2 = A\cos 2\pi(\nu t + x/\lambda) + A\cos[2\pi(\nu t - x/\lambda) + \pi]$$
$$= 2A\cos(2\pi x/\lambda - \pi/2)\cos(2\pi\nu t + \pi/2)$$
（2）在波腹处 $|\cos(2\pi x/\lambda - \pi/2)| = 1$,由题意可知,驻波存在于 $x > 0$ 的区域,$2\pi x_k/\lambda - \pi/2 = k\pi$,$k = 0, 1, 2, \cdots$,即 $x_k = (2k+1)\lambda/4$,$k = 0, 1, 2, \cdots$。

4. **解**　（1）入射波在入射点的振动表达式为
$$y_{Oi} = A\cos 2\pi t/T$$
由题意,反射波无半波损失,在入射点的振动表达式为
$$y_{Or} = A\cos 2\pi t/T$$
反射波的表达式为
$$y_2 = A\cos 2\pi(t/T + x/\lambda)$$
驻波的表达式为
$$y = y_1 + y_2 = A\cos 2\pi(t/T - x/\lambda) + A\cos 2\pi(t/T + x/\lambda)$$
$$= 2A\cos 2\pi x/\lambda\cos 2\pi t/T$$
（2）在波节处 $|\cos 2\pi x/\lambda| = 0$,由题意知驻波存在于 $x < 0$ 的区域,$2\pi x_k/\lambda = -(2k+1)\pi/2$,$k = 0, 1, 2, \cdots$,波节位置为 $x_k = -(2k+1)\lambda/4$,$k = 0, 1, 2, \cdots$。

第11章 几何光学简介

一、 填空题

1. 一个物体放在凹面镜前 10 cm 处，得到的像长是物长的 4 倍的实像，则凹面镜的曲率半径 $r=$ _____ cm；为使像长与物长相等，应将物体沿主光轴向 _____（选"靠近""远离"填写）凹面镜的方向移动 _____ cm。

2. 一物体放在球面半径为 12.8 cm 的凹面镜前 20 cm 处，则放大率 $m=$ _____。

3. 一玻璃圆球，半径为 10 cm，折射率为 1.5，放在空气中。对于放在沿直径的轴上的物体通过此球成像而言，物体发出的光线第一次折射时，相应的物方焦距 $f_1=$ _____ cm，像方焦距 $f_1'=$ _____ cm；第二次折射时，相应的物方焦距 $f_2=$ _____ cm，像方焦距 $f_2'=$ _____ cm。

4. 一个物体放在薄凹透镜前 16 cm 处，得到的像长是物长的 1/4，凹透镜的物方焦距 $f=$ _____ cm。

二、 计算题

1. 一球面半径 $R=20$ cm 的凸面镜产生一大小为物体 1/4 的像。求物体与像间的距离。

2. 一玻璃圆球，半径为 R，折射率为 $n=1.5$，放在空气中。(1)物体在无限远时经过球成像于何处？(2)物体在球前 $2R$ 处，经球成像在何处？

3. 有一薄凸透镜将某一物成一倒立实像,像高为物高的一半,今将物向透镜移近100 mm,则所得的像与物同样大小。求薄凸透镜的焦距。

4. 如图 1 所示,在球面半径为 20 cm 的凹面镜前 12 cm 处放一物体,30 cm 处放一焦距为 20 cm 的凸透镜,使其光轴与凹面镜的光轴重合。物体近旁有一小遮光板挡住物体发出的光不能直接射到透镜上。求物体经该光学系统成的像的位置、正倒、虚实和大小。

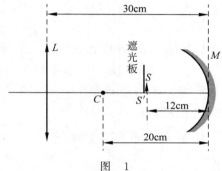

图　1

参 考 解 答

几何光学

一、填空题

1. -16 cm；远离；6 cm$\left(\text{提示：}-p'/p=-4\text{，即 }p'=4p\text{，代入物像关系式 }\dfrac{1}{p}+\dfrac{1}{p'}=\dfrac{2}{r}\right)$

2. $-8/17$

3. $-20,30;-30,20$

4. 16/3 cm(提示：凹透镜对实物恒成正立且缩小的虚像，$p=-16$ cm，$m=p'/p=1/4,p'=-4$ cm)

二、计算题

1. **解** $r=R=20$ cm，$f=r/2=10$ cm。凸面镜对实物恒成正立且缩小的虚像
$$m=-p'/p=1/4,\quad p'=-p/4$$
代入物像公式 $\dfrac{1}{p}+\dfrac{1}{p'}=\dfrac{1}{f}$，即 $\dfrac{1}{p}-\dfrac{4}{p}=\dfrac{1}{10}$，得
$$p=-30\text{ cm},\quad p'=7.5\text{ cm}$$
物像距离
$$l=|p|+p'=37.5\text{ cm}$$

2. **解** (1) 物在无限远时，对第一折射球面，有 $p_1=-\infty,r_1=R$，由物像公式，
$$\frac{1.5}{p_1'}-\frac{1.0}{\infty}=\frac{1.5-1.0}{R},\quad p_1'=3R$$
对第二折射球面，$p_2=p_1'-2R=R,r_2=-R$，
$$\frac{1.0}{p_2'}-\frac{1.5}{R}=\frac{1.0-1.5}{-R},\quad p_2'=R/2$$
无限远物成像于球后面离第二折射表面 $R/2$ 处，此处即球的像方焦点。

(2) 对第一折射球面，$p_1=-2R,r_1=R,\dfrac{1.5}{p_1'}-\dfrac{1.0}{-2R}=\dfrac{1.5-1.0}{R},p_1'=\infty$。

对第二折射球面，$p_2=\infty,r_2=-R,\dfrac{1.0}{p_2'}-\dfrac{1.5}{\infty}=\dfrac{1.0-1.5}{-R},p_2'=2R$。

成像于球后面离第二折射球面 $2R$ 处。

3. **解** 第一次成像
$$\frac{1}{p_1'}-\frac{1}{p_1}=\frac{1}{f'} \tag{1}$$
$$m_1=\frac{p_1'}{p_1}=-\frac{1}{2} \tag{2}$$

第二次成像

$$p_2 = -[-p_1 - 100] = p_1 + 100 \tag{3}$$

$$\frac{1}{p_2'} - \frac{1}{p_2} = \frac{1}{f'} \tag{4}$$

对凸透镜,像与实物同样大小,必是倒立的实像,如是虚像,必是放大的,于是有

$$m_2 = \frac{p_2'}{p_2} = -1 \tag{5}$$

解得 $f' = 100$ mm。

4. 解　凹面镜成像 $f_M = -R/2 = -10.0$ cm,$p_1 = -12$ cm,代入物像关系式

$$\frac{1}{p_1} + \frac{1}{p_1'} = \frac{1}{f_M}$$

得

$$p_1' = -60 \text{ cm}$$

对凸透镜成像 $f_L' = 20$ cm,$p_2 = -p_1' - 30 = 30$ cm(注意光线是从右到左,凹面镜成的像是凸透镜的虚物),代入物像关系式 $\dfrac{1}{p_2'} - \dfrac{1}{p_2} = \dfrac{1}{f_L'}$,得

$$p_2' = 12 \text{ cm}$$

横向放大率 $m = m_1 m_2 = \left(-\dfrac{p_1'}{p_1}\right)\dfrac{p_2'}{p_2} = \left(-\dfrac{-60}{-12}\right) \times \dfrac{12}{30} = -2$。

总的结果是在透镜左侧 12 cm 处得到了放大两倍、相对于物体倒立的实像。

光路图如解用图 1 所示。作图使用了 1→1′→1″和 2→2′→2″这两条特殊光线。由于光线是从右向左入射到透镜 L 上,所以 L 的物方焦点 F_L、像方焦点 F_L' 的位置如解用图 1 所示,且 F_L 与凹面镜焦点 F_M 重合,均在凹面镜前 10 cm 处。

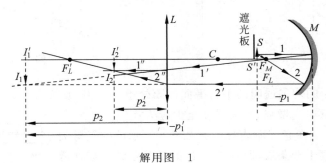

解用图　1

第 12 章　波动光学(一)

一、 填空题

1. 光强分别为 I_1 和 I_2 的两相干光同时传播到 P 点,两列光波引起的振动的相位差为 $\Delta\phi$,则 P 点的光强 $I=$ _____。

2. 光从光疏媒质射到光密媒质反射时,在掠射或正入射的情况下,反射光的相位较之入射光的相位有 _____ 的突变,这一相位突变常称为半波损失。

3. 薄透镜的等光程性是指使用透镜不会引起 _____,只是改变光线方向。

4. 把杨氏双缝干涉实验装置放在折射率为 n 的媒质中,双缝到观察屏的距离为 D,两缝间的距离为 d,入射光在真空中的波长为 λ,则屏上干涉条纹中相邻明纹的间距是 _____。

5. 如图 1 所示,波长为 λ 的平行单色光斜入射到距离为 d 的双缝上,入射角为 θ,在屏中央 O 处 $(\overline{S_1O}=\overline{S_2O})$,$S_2$ 发出的光比 S_1 发出的光相位超前 _____。

6. 如图 2 所示,两个相干点光源 S_1 和 S_2,发出波长为 λ 的单色光,光振动的初相分别为 ϕ_{10},ϕ_{20},A 是它们连线的中垂线上的一点。若在 S_2 与 A 之间插入厚度为 e、折射率为 n 的薄玻璃片,在 A 点处,S_2 发出的光比 S_1 发出的光的位相超前 _____。

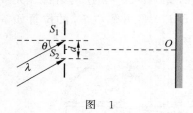

图　1

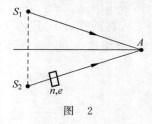

图　2

7. 折射率为 n 的均匀透明的平行平面薄膜处于空气中,波长为 λ 的单色光从空气垂直入射到上面,要使反射光增强,膜的厚度至少应为 _____。

8. 用波长为 λ 的单色光垂直照射到如图 3 所示的空气劈尖上,从反射光中观察干涉条纹,距顶点为 L 处是暗条纹。如使劈尖角 $\theta(\theta\ll1)$ 连续变大,直到该点处再次出现暗条纹为止,该点处的空气膜厚的增量 $\Delta e=$ _____;劈尖角的改变量 $\Delta\theta=$ _____。

图　3

9. 波长为 λ 的单色光垂直照射到处于空气中的劈尖薄膜上,劈尖薄膜的折射率为 n,劈尖角为 $\theta(\theta\ll1)$,第 k 级明条纹与第 $k+5$ 级明条纹所对应的膜的厚度差的大小为 _____,这两级条纹的间距是 _____。

10. 对于空气劈尖,在棱边处出现 _____ 条纹,这成为"半波损失"的证据。

11. 在牛顿环实验中,若平凸透镜沿竖直方向平移,在平移过程中发现某级明条纹处由最亮逐渐变成最暗,则平凸透镜位移的大小为 _____;在平移过程中发现某级明条纹处

有 N 级明纹通过,则平凸透镜位移的大小为_____。

12. 设组成牛顿环装置的平凸透镜与平板玻璃的折射率相同,如在装置中的透镜与玻璃之间由充以空气改变为充以液体时,第 10 个亮环的直径由 1.40 cm 变成 1.24 cm,这种液体的折射率为_____。

二、　计算题

1. 杨氏双缝实验中,双缝间距 $d=0.5$ mm,缝与屏相距为 $D=1.2$ m,如图 4 所示。如以波长 $\lambda=500$ nm 的单色光照射,(1)求零级明纹所在处原点 O 上方第五级明纹的坐标 x_5;(2)求相邻明纹间距离;(3)若用厚度为 l、折射率 $n=1.58$ 的透明薄膜覆盖在 S_2 缝后面,这时第 5 级明纹中心位置移至光屏中心,求薄膜厚度 l。

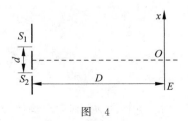

图　4

2. 厚度均匀的薄油膜覆盖在玻璃板上,油膜的折射率为 $n_1=1.30$,玻璃的折射率为 $n_2=1.50$。一平行单色光从空气垂直照射在油膜上,若单色光的波长可由光源连续可调,可观察到 5000 Å 与 7000 Å 这两个波长的单色光的反射光干涉相消,且在这两个波长之间,不存在其他波长的光满足反射光干涉相消。试求油膜的厚度。

3. 白光垂直射到空气中一厚度为 3600 Å 的肥皂水膜上。已知肥皂水的折射率为 $n=1.33$,白光的波长范围为 400～760 nm。问:(1)哪些波长的光反射最强?(2)哪些波长的光透射最强?

4. 在玻璃表面镀上一层 Si 薄膜,波长为 $\lambda = 5500$ Å 的绿光从空气垂直入射,有关介质的折射率如图 5 所示。分别计算要使绿光(1)最大限度地反射;(2)最大限度地透射,膜的厚度 e 所满足的条件与最小值。

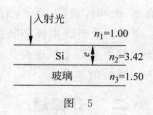

图 5

5. 如图 6 所示,在半导体元件生产中,为了测定硅片上 SiO_2 薄膜的厚度,将该膜的一端腐蚀成劈尖状,劈尖棱到劈尖斜坡上端点 M 间距离为 0.045 m。用波长 $\lambda = 589.3$ nm 的钠光垂直照射后,观察到劈尖上出现 10 条暗纹,且第 10 条恰好在劈尖斜坡上端点 M 处,已知 SiO_2 的折射率 $n_{SiO_2} = 1.46$,Si 的折射率 $n_{Si} = 3.42$。求:(1)相邻明纹(或暗纹)的间距;(2)SiO_2 薄膜的厚度。

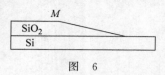

图 6

6. 两块长度 10 cm 的平玻璃片,一端互相接触成棱边,另一端用厚度为 0.004 mm 的纸片隔开,形成空气劈形膜。以波长为 500 nm 的平行光垂直照射,观察反射光的等厚干涉条纹。求:(1)相邻两明(暗)纹的厚度差与距离;(2)全部 10 cm 的长度内呈现的明纹数。

第 12 章　波动光学(二)

一、填空题

1. 在夫琅禾费单缝衍射中,缝宽为 a ,波长为 λ ,则零级亮纹的半角宽度为_____。

2. 如果单缝夫琅禾费衍射的第一级暗纹发生在衍射角为 30° 的方位上,所用单色光波长 $\lambda = 5000$ Å,则单缝宽度为_____ m。

3. 在夫琅禾费单缝衍射中,接收屏上第三级明条纹所对应的单缝处波面可划分为____个半波带;第三级暗条纹所对应的单缝处波面可划分为____个半波带;若将缝宽缩小一半,则原来第三级暗纹处将变为第____级____条纹。

4. 对一个光学仪器(如透镜)来说,如两个等强度、但不相干的点光源 S_1 和 S_2 的两个爱里斑的中心距离等于_____,可将这一临界情形作为两物点刚好能被人眼或光学仪器所分辨的判断准则,该准则被称为瑞利判据。在这一临界情况下物点 S_1 和 S_2 对透镜光心的张角 θ_0 叫做光学仪器的_____。

5. 在夜间,人眼瞳孔的直径约为 5.0 mm,在可见光中,人眼最敏感的波长为 5500 Å,此时人眼的最小分辨角为_____ rad;在迎面驰来的汽车上,两盏前灯相距 120 cm,如只考虑人眼瞳孔的衍射,当汽车离人的距离为_____ km 时,眼睛恰好能分辨这两盏灯。

6. 如果衍射角 θ 的值既满足光栅方程的主极大条件,又满足单缝衍射的暗纹条件,这些主极大条纹将消失,这一现象称为_____。

7. 一平面光栅每毫米有 500 条缝,其光栅常数为_____ m;用波长为 5.9×10^{-7} m 的黄光垂直入射,则能观察到的明纹的最大级数 $k_{max} =$_____。

8. 用波长为 5000 Å 的平行单色光垂直照射到一透射光栅上,在分光计上测得第一级光谱线的衍射角为 30°,则该光栅每一毫米上有_____条刻痕。

9. 波长为 5000 Å 的单色平行光垂直入射在一块透射光栅上,其光栅常数 $d = 3$ μm,透光缝宽 $a = 1$ μm,则在单缝衍射的中央明纹区域中共有_____条明纹(主极大)。

二、计算题

1. 一束波长为 $\lambda = 5000$ Å 的平行光垂直照射在一个单缝上。如果所用的单缝的宽度 $a = 0.5$ mm,缝后紧挨着的薄透镜焦距 $f = 1$ m,求:(1)中央明条纹的角宽度和线宽度;(2)同侧的第一级暗纹与第二级暗纹的距离。

2. 如图 1 所示,一束白色平行光垂直照射在单缝 K 上。单缝的宽度为 a,薄透镜 L 的焦距为 f,焦点为 O 点。在屏 E 上建立 Ox 轴,

(1)如 k 级明纹的位置坐标 x_k 满足 $\dfrac{x_k}{f} \ll 1$,证明: $x_k \approx f\dfrac{(2k+1)}{2}\dfrac{\lambda}{a}$。

(2)如 $a = 0.5$ mm,$f = 0.5$ m,已知白光的波长范围为 400 nm $\leqslant \lambda \leqslant$ 760 nm。求在屏 E 上 $x_k = 1.5$ mm 处满足明纹条件所对应的波长与相应的条纹级次。

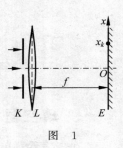

图　1

3. 波长为 $\lambda_1 = 640$ nm 和 $\lambda_2 = 400$ nm 的光波同时垂直照射到某透射光栅上,发现在衍射角 $\theta = 41°$ 方向上的两光波的明纹重合,设此时,两种光的明纹级数分别为 k_1 和 k_2。求:
(1)$k_1 : k_2$;(2)k_1 和 k_2 的可能取值;(3)光栅常数的最小值。

4. 用波长范围为 4000～7600 Å 的白光垂直照射在每厘米中有 6500 条刻线的平面光栅上,求第 3 级光谱张角。

5. 波长 $\lambda = 600$ nm 的单色光垂直入射到一光栅上,第 2 级和第 3 级明纹分别出现在 $\sin\theta_2 = 0.2$ 和 $\sin\theta_3 = 0.3$ 处,且第 4 级是缺级。(1)光栅常数 $(a+b)$ 等于多少? (2)透光缝可能的最小宽度 a 等于多少? (3)在选定上述 $(a+b)$ 和 a 后,求在衍射角 $-90° < \theta < 90°$ 范围内可能观察到的全部主极大的级次。

第 12 章　波动光学（三）

一、填空题

1. 当自然光照射在偏振片上时，偏振片只让某一特定方向的光振动通过，这个方向称为偏振片的_____。

2. 两偏振片 P_1 和 P_2 平行放置且偏振化方向成 θ 角，光强为 I_0 的自然光垂直入射在 P_1 上，然后再通过 P_2，则通过 P_2 的光强为_____；若出射光强为 $I_0/8$，则 θ 角（$0° \leqslant \theta \leqslant 90°$）为_____。

3. 要使一束线偏振光通过偏振片之后振动方向转过 90°，至少需要让这束光通过_____块偏振片。在此情况下，最大的透射光强是原来光强的_____倍。

4. 自然光由空气射入水面（$n=4/3$）的布儒斯特角为_____。

5. 一束光入射到两种透明介质的分界面上时，发现只有透射光而无反射光。这束光是以_____角入射的，其振动方向_____入射面（选"垂直于""平行于"填写）。

二、计算题

1. 用两偏振片平行放置作为起偏器和检偏器。在它们的偏振化方向成 30° 角时，观测一普通光源；又在它们的偏振化方向成 45° 角时，观察同一位置处的另一普通光源，两次所得的强度相等。求两光源照到起偏器上的光强之比。

2. 如图 1 所示，三偏振片平行放置，P_1 和 P_3 的偏振化方向互相垂直，自然光垂直入射到偏振片 P_1 上。问：（1）当透过 P_3 的光强为入射自然光光强的 1/8 时，P_2 和 P_1 偏振化方向夹角 θ（$0° \leqslant \theta \leqslant 90°$）为多少？（2）当透过 P_3 的光强为 0 时呢？

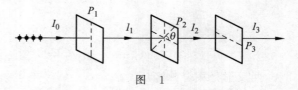

图　1

参 考 解 答

波动光学(一)

一、填空题

1. $I_1 + I_2 + 2\sqrt{I_1 I_2}\cos\Delta\phi$

2. π

3. 附加的光程差

4. $\dfrac{D\lambda}{nd}$

5. $2\pi\dfrac{d\sin\theta}{\lambda}$

6. $\phi_{20} - \phi_{10} - \dfrac{2\pi(n-1)e}{\lambda}$

7. $\dfrac{\lambda}{4n}$

8. $\lambda/2$；$\dfrac{\lambda}{2L}$

9. $\dfrac{5\lambda}{2n}$；$\dfrac{5\lambda}{2n\theta}$

10. 暗

11. $\lambda/4$；$N\lambda/2$

12. 1.27

二、计算题

1. **解** (1) $x_5 = \dfrac{5D\lambda}{d} = \dfrac{5\times1.2\times5\times10^{-7}}{0.5\times10^{-3}}$ m $= 6.0\times10^{-3}$ m

(2) $\Delta x = \dfrac{D\lambda}{d} = \dfrac{1.2\times500\times10^{-9}}{0.5\times10^{-3}}$ m $= 1.2\times10^{-3}$ m $= 1.2$ mm

(3) $L_1 = 1.0\times\overline{S_1 O}$，$L_2 = 1.0\times(\overline{S_2 O} - l) + nl$ 且 $\overline{S_1 O} = \overline{S_2 O}$，由题意 $\Delta = 5\lambda = L_2 - L_1 = (n-1)l$，

$$l = \frac{5}{n-1}\lambda = \frac{5\times500}{1.58-1.0} \text{ nm} = 4310 \text{ nm}$$

2. **解** 设薄油膜厚度为 e，在膜上、下两界面，光都是从光疏到光密界面反射，都有半波损失，两反射光束合计经历了偶数次(2次)半波损失，所以之间没有附加光程差，干涉相消条件为 $\Delta = 2n_1 e = (2k+1)\lambda/2, k = 0,1,2,\cdots$。

当 $\lambda_1 = 5000$ Å 时，有

$$2n_1 e = (2k_1 + 1)\lambda_1/2 = 5000 k_1 + 2500 \qquad (1)$$

当 $\lambda_2 = 7000$ Å 时，有

$$2n_1 e = (2k_2 + 1)\lambda_2/2 = 7000k_2 + 3500 \tag{2}$$

因为 $\lambda_2 > \lambda_1$，所以 $k_2 < k_1$，又因为在 λ_1 和 λ_2 之间不存在其他波长的光满足反射光干涉相消，所以 k_1、k_2 为连续整数，有

$$k_2 = k_1 - 1 \tag{3}$$

从式(1)、(2)、(3)得

$$k_1 = \frac{7000k_2 + 1000}{5000} = \frac{7(k_1 - 1) + 1}{5}$$

从上式及式(3)得

$$k_1 = 3, k_2 = 2$$

由式(1)得油膜厚度

$$e = \frac{3 \times 5000 + 2500}{2 \times 1.3} \text{ Å} = 6731 \text{ Å}$$

3. **解**　当光在水膜上界面反射时，是从光疏到光密界面反射，有半波损失，在下界面反射时，是从光密到光疏界面反射，无半波损失，两束反射光合计经历了奇数次（1 次）半波损失，所以之间有附加光程差 $\lambda/2$，$\Delta = 2ne + \lambda/2$。

（1）对反射加强，有 $2ne + \lambda/2 = k\lambda$，$k = 1, 2, 3, \cdots$

$$\lambda = \frac{2ne}{k - 1/2} = \frac{2 \times 1.33 \times 3600}{k - 1/2} = \frac{9576}{k - 1/2} = \begin{cases} 19152 \text{ Å}(k=1) \\ 6384 \text{ Å}(k=2) \\ 3830 \text{ Å}(k=3) \end{cases}$$

可知 6384 Å 的红光反射最强。

（2）透射最强，即反射光干涉相消，$2ne + \lambda/2 = (2k+1)\lambda/2$，$k = 0, 1, 2, \cdots$，即 $2ne = k\lambda$

$$\lambda = \frac{2ne}{k} = \frac{2 \times 1.33 \times 3600}{k} = \frac{9576}{k} = \begin{cases} 9576 \text{ Å}(k=1) \\ 4788 \text{ Å}(k=2) \\ 3192 \text{ Å}(k=3) \end{cases}$$

可知透射光中 4788 Å 的青光得到加强。该问也可使用透射光干涉相长的条件计算。

4. **解**　光在 Si 膜上界面反射，是从光疏到光密界面反射，有半波损失，在下界面反射，是从光密到光疏界面反射，无半波损失，两束反射光合计经历了奇数次（1 次）半波损失，所以之间有附加光程差 $\lambda/2$，$\Delta = 2n_2 e + \lambda/2$。

（1）最大限度地反射，即干涉相长，$2n_2 e + \lambda/2 = k\lambda$，$k = 1, 2, 3, \cdots$，
得膜厚所满足的条件，

$$e = \frac{(2k - 1)\lambda}{4n_2}, \quad k = 1, 2, 3, \cdots$$

取 $k = 1$，得

$$e_{\min} = \frac{\lambda}{4n_2} = \frac{5.5 \times 10^{-7}}{4 \times 3.42} \text{ m} = 4.02 \times 10^{-8} \text{ m}$$

（2）最大限度地透射，即反射光干涉相消，$2n_2 e + \lambda/2 = (2k+1)\lambda/2$，
得膜厚所满足的条件

$$e = \frac{k\lambda}{2n_2}, \quad k = 1, 2, 3, \cdots$$

取 $k=1$ 得

$$e_{\min}=\frac{\lambda}{2n_2}=\frac{5.5\times10^{-7}}{2\times3.42}\ \mathrm{m}=8.04\times10^{-8}\ \mathrm{m}$$

5. **解**　在 SiO_2 膜上、下两界面,光都是从光疏到光密界面反射,都有半波损失,两反射光束合计经历了偶数次(2 次)半波损失,所以之间没有附加光程差。暗纹条件为

$$\Delta=2n_{SiO_2}e=(2k+1)\lambda/2,\quad k=0,1,2,\cdots$$

(1) 相邻明纹之间的距离与相邻暗纹之间的距离相等,10 条暗纹间有 9 个间隔,再考虑到棱边明纹到第 1 条暗纹的距离为半个间隔,得

$$l=\frac{0.045}{10-1+0.5}\ \mathrm{m}=4.74\times10^{-3}\ \mathrm{m}$$

(2) 第 10 条暗纹对应于 $k=9$,由暗纹条件公式,得

$$e=\frac{(2k+1)\lambda}{4n_{SiO_2}}=1.92\times10^{-6}\ \mathrm{m}$$

6. **解**　(1) 相邻两明(暗)纹的厚度差

$$\Delta e=\lambda/2=2.5\times10^{-7}\ \mathrm{m}$$

相邻明纹之间的距离

$$l=\frac{\Delta e}{\sin\theta}\approx\frac{2.5\times10^{-7}}{\dfrac{0.004\times10^{-3}}{10\times10^{-2}}}\ \mathrm{m}=6.25\times10^{-3}\ \mathrm{m}$$

(2) 光在空气劈形膜上界面反射,是从光密到光疏界面反射,无半波损失,在下界面反射,是从光疏到光密界面反射,有半波损失,两束反射光合计经历了奇数次(1 次)半波损失,所以之间有附加光程差 $\lambda/2$。取空气的折射率 $n=1$,明纹条件为

$$\Delta=2e+\lambda/2=k\lambda,\quad k=1,2,3,\cdots$$

$$k_{\max}=\frac{2e_{\max}}{\lambda}+\frac{1}{2}=\frac{2\times0.004\times10^{-3}}{500\times10^{-9}}+\frac{1}{2}=16.5$$

k 只能取整数,所以全部 10 cm 的长度内呈现的明纹数为 16 条。

波动光学(二)

一、填空题

1. $\arcsin\dfrac{\lambda}{a}$

2. 1×10^{-6}

3. 7;6;1,明

4. 每一个爱里斑的半径;最小分辨角

5. 1.34×10^{-4};8.94

6. 缺级

7. 2×10^{-6};3

8. 1000

9. 5

二、计算题

1. 解 （1）中央明纹半角宽度 $\theta_1 = \arcsin\dfrac{\lambda}{a}$，角宽度

$$2\theta_1 = 2\arcsin\frac{\lambda}{a}$$

由于 $\dfrac{\lambda}{a} = \dfrac{5000 \times 10^{-10}}{0.5 \times 10^{-3}} = 0.001 \ll 1$，故 $\theta_1 \approx \dfrac{\lambda}{a} = 0.001$ rad，$2\theta_1 \approx 0.002$ rad，线宽度

$$l_0 = 2f\tan\theta_1 \approx 2f\sin\theta_1 \approx 2f\frac{\lambda}{a} = 2 \times 1 \times \frac{5 \times 10^{-7}}{5 \times 10^{-4}}\ \text{m} = 2\ \text{mm}$$

（2）暗纹的位置 $x_k = f\tan\theta_k \approx f\sin\theta_k = fk\dfrac{\lambda}{a}$

$$\Delta x = x_2 - x_1 = \frac{f\lambda}{a} = 1\ \text{mm}$$

2. 解 （1）证　如解用图 1 所示，M 为透镜光心，则 θ_k 为衍射角，明纹条件 $a\sin\theta_k = (2k+1)\lambda/2$，明纹位置 $x_k = f\tan\theta_k$，由题意 $\tan\theta_k = \dfrac{x_k}{f} \ll 1$，即衍射角 θ_k 很小，$\tan\theta_k \approx \sin\theta_k$ 有

$$x_k \approx f\sin\theta_k = f\frac{2k+1}{2}\frac{\lambda}{a}$$

（2）由已知条件

$$\tan\theta_k = \frac{x_k}{f} = \frac{1.5 \times 10^{-3}}{0.5} = 3.0 \times 10^{-3} \ll 1$$

解用图 1

由（1）结果

$$x_k \approx f\frac{2k+1}{2}\frac{\lambda}{a}$$

$$\lambda = \frac{2ax_k}{f(2k+1)} = \frac{2 \times 0.5 \times 10^{-3} \times 1.5 \times 10^{-3}}{0.5 \times (2k+1)}\ \text{m} = \frac{3000}{2k+1}\ \text{nm}$$

计算得 $k=2$，$\lambda = 600$ nm；$k=3$，$\lambda = 429$ nm 满足明纹条件。

3. 解 （1）由 $d\sin\theta = k\lambda$ 得到 $\begin{cases} d\sin41° = k_1\lambda_1 \\ d\sin41° = k_2\lambda_2 \end{cases}$，得

$$\frac{k_1}{k_2} = \frac{\lambda_2}{\lambda_1} = \frac{400\ \text{nm}}{640\ \text{nm}} = \frac{5}{8}$$

（2）$\dfrac{k_1}{k_2} = \dfrac{5}{8} = \dfrac{10}{16} = \dfrac{15}{24} = \cdots$，可见 k_1 取 $5,10,15,\cdots$，相应地 k_2 取 $8,16,24,\cdots$。这两种波长的光的明纹均重合。这里未考虑 d 的尺寸的限制，即 $k_1\lambda_1$ 或相应的 $k_2\lambda_2$ 应小于 d。

（3）由 $d\sin41° = k_1\lambda_1$（或 $d\sin41° = k_2\lambda_2$）可知，$k_1(k_2)$ 取可能的最小值，即在 $\theta = 41°$ 方向上，两谱线是第一次重合，即 $k_1 = 5(k_2 = 8)$，光栅常数为最小值，

$$d_{\min} = \frac{5 \times 640 \times 10^{-9}}{\sin41°}\ \text{m} = 4.88 \times 10^{-6}\ \text{m}$$

4. 光栅常数

$$d = \frac{1}{6500} \text{ cm} = 1.54 \times 10^4 \text{ Å}$$

由光栅方程,第 3 级光谱中

$$\theta_{\min} = \arcsin \frac{3\lambda_{\min}}{d} = \arcsin \frac{3 \times 4000}{1.54 \times 10^4} = 51.25°$$

$$\theta_{\max} = \arcsin \frac{3\lambda_{\max}}{d} = \arcsin \frac{3 \times 7600}{1.54 \times 10^4} = \arcsin 1.48$$

$\theta_{\max}$ 无解,说明不存在第 3 级完整光谱,第 3 级光谱只能出现一部分光谱,这一部分光谱的张角是

$$\Delta\theta = 90° - \theta_{\min} = 38.74°$$

5. **解**　(1) 由 $(a+b)\sin\theta = k\lambda$,得

$$a + b = \frac{2\lambda}{\sin\theta_2} = \frac{2 \times 600 \times 10^{-9}}{0.2} \text{ m} = 6 \times 10^{-6} \text{ m}$$

(2) 由缺级公式 $k = \frac{a+b}{a}k'$,得 $a = \frac{k'}{k}(a+b)$,第四级缺级,k' 可以取 $1, 2, 3$,而 $k' = 1$ 时,a 最小,即光栅第 4 级明纹对应于单缝衍射第一级暗纹,

$$a_{\min} = \frac{a+b}{4} = 1.5 \times 10^{-6} \text{ m}$$

(3) $k_{\max} = \frac{a+b}{\lambda} = \frac{6 \times 10^{-6}}{600 \times 10^{-9}} = 10$

根据惠更斯-菲涅耳原理,在 $\theta \geqslant 90°$ 方向不可能产生衍射,所以看不到 $k = 10$ 的明条纹。在衍射角 $-90° < \theta < 90°$ 范围内可能观察到的主极大的最大级次 $k_{\max} = 9$,$k = 4, 8$ 缺级,所以可以看到的主极大级次为 $k = 0, 1, 2, 3, 5, 6, 7, 9$。

波动光学(三)

一、填空题

1. 偏振化方向(或透光轴方向)

2. $\frac{1}{2}I_0\cos^2\theta$；$60°$

3. 2；1/4

4. $\arctan(4/3) = 53.13°$

5. 布儒斯特；平行于

二、计算题

1. **解**　令 I_1 和 I_2 分别为两光源照到起偏器上的光强。透过起偏器后,光的强度分别为 $I_1/2$ 和 $I_2/2$。按照马吕斯定律,透过检偏器后光的强度

$$I_1' = \frac{1}{2}I_1\cos^2 30°, \quad I_2' = \frac{1}{2}I_2\cos^2 45°$$

按题意 $I_1' = I_2'$,即

$$\frac{1}{2}I_1\cos^2 30° = \frac{1}{2}I_2\cos^2 45°$$

所以

$$\frac{I_1}{I_2} = \frac{\cos^2 45°}{\cos^2 30°} = \frac{2}{3}$$

2. **解** (1) 设自然光强为 I_0，透过 P_1 光强

$$I_1 = I_0/2$$

透过 P_2 光强

$$I_2 = I_1\cos^2\theta = \frac{1}{2}I_0\cos^2\theta$$

透过 P_3 光强

$$I_3 = I_2\cos^2\left(\frac{\pi}{2}-\theta\right) = \left[\frac{1}{2}I_0\cos^2\theta\right]\sin^2\theta = \frac{1}{8}I_0\sin^2 2\theta$$

当 $I_3 = I_0/8$ 时，

$$\sin^2 2\theta = 1, \quad \theta = 45°$$

(2) $I_3 = 0$，$\sin^2 2\theta = 0$，$\theta = 0°, 90°$，即 P_2 与 P_1 两者的偏振化方向平行或垂直。

第 13 章　狭义相对论基础

一、 填空题

1. 物理规律在一切惯性参照系中都具有相同的数学表达形式,这是相对论的_____原理;在所有惯性参照系中,光在真空中沿各个方向传播的速率等于恒定值 c,与光源和观察者的运动无关,这是相对论的_____原理。

2. 设有两个惯性系 K 和 K',它们的原点在 $t = 0$ 和 $t' = 0$ 时重合在一起。有一事件,在 K' 系中测得其时空坐标为 $(60 \text{ m}, 0 \text{ m}, 0 \text{ m}, 8.0 \times 10^{-8} \text{ s})$。若 K' 系相对于 K 系以速率 $u = 0.6c$ 沿 x 轴运动,则该事件在 K 系中时空坐标为_____。

3. 飞船以 $c/2$ 的速率从地球发射,在飞行中飞船又以相对自身为 $2c/3$ 的速度向前发射一枚火箭。地球上的观测者测得火箭的速度为_____c。

4. 已知惯性系 K' 相对于惯性系 K 以 $0.5c$ 的速率沿 x 轴负方向运动。若从 K' 系的坐标原点 O' 沿 x' 轴正方向发出一光波,则 K 系中测出此光波的波速为_____c。

5. 在相对论中,相对于棒静止的观测者测得的棒长称做棒的_____;在某一惯性系中同一地点、先后发生的两个事件之间的时间间隔称为_____。

6. 一列火车以可以与光速比拟的高速 u 驶过车站时,固定在站台上相距 1 m 的两只机械手在车厢上同时划出两刻痕,则车厢上的观测者测出这两个刻痕之间的距离为_____ m。

7. 一圆柱形火箭静止在地面上时测得其横截面圆直径为 5.0 m。当它以 $0.8c$ 的速率在空中竖直向上匀速直线飞行时,相对于地面上的观测者,其直径为_____ m;若火箭上发出某信号的持续时间为 2.4 s,相对于地面上的观测者,该信号的持续时间为_____ s。

8. 在相对论中,在某地发生两事件,与该处相对静止的甲测得时间间隔为 4 s,若相对甲作匀速直线运动的乙测得时间间隔为 5 s,则乙相对于甲的运动速率为_____c。

9. 匀质正方体静止时质量为 m_0,边长为 l_0。当它沿某一边长方向以速率 v 作匀速直线运动时,测得该边长为 $0.6l_0$,则 $v =$_____c;该正方体的总能量 $E =$_____$m_0 c^2$;动能 $E_k =$_____$m_0 c^2$。

10. 电子静能 $m_0 c^2 \approx 0.5$ MeV。根据相对论动力学,动能为 0.25 MeV 的电子,其运动速率为_____c。

二、 计算题

1. 惯性系 K' 系以 $u = 0.6c$ 的速率相对于惯性系 K 沿 x 轴运动,在 K 系中相距 100 km 的 x_1 和 x_2(设 $x_2 > x_1$)两处同时发生了两事件。在 K' 系中观测:(1)两事件是否是同时发生的? (2)如果不是同时发生的,两事件的时间间隔是多少? 哪个先发生? (3)这两事件相距多远?

2. 一根直杆位于惯性系 K 中 xOy 平面,在 K 系中观测,其静止长度为 l_0,与 x 轴的夹角为 θ。设惯性系 K' 以速率 u 相对于 K 系沿 x 轴运动,求在 K' 系中观测时,直杆(1)长度;(2)与 x' 轴的夹角 θ'。

3. 若从一惯性系中测得宇宙飞船的长度为其固有长度的 4/5,(1)宇宙飞船相对于该惯性系的速率是多少? (2)若在飞船中进行一物理实验,飞船中的钟记录其持续时间为 1 h,则在该惯性系中的观测者认为该实验持续的时间为多少?

4. 一火箭以 $\sqrt{5}c/3$ 的速率相对于地球飞行。当用地球上的钟测量时,需过多长时间,火箭上的钟才会慢两天?

5. 如果将电子从 $0.6c$ 加速到 $0.8c$,需要对它做多少功? 该电子的质量增加多少? (电子的静止质量 $m_0 = 9.11 \times 10^{-31}$ kg)

参 考 解 答

狭义相对论基础

一、填空题

1. 相对性；光速不变

2. $(93\ \text{m}, 0\ \text{m}, 0\ \text{m}, 2.5 \times 10^{-7}\ \text{s})$

3. 7/8

4. 1

5. 固有长度；固有时

6. $1/\sqrt{1-(u/c)^2}$

7. 5.0；4.0

8. 3/5

9. 4/5；5/3；2/3

10. $\sqrt{5}/3$

二、计算题

1. **解** (1) 在 K 系中，这两个事件是在不同地点、同时发生，所以在 K' 系观测，不是同时发生。

(2) $\Delta t' = t_2' - t_1' = \dfrac{(t_2 - t_1) - \dfrac{u}{c^2}(x_2 - x_1)}{\sqrt{1-(u/c)^2}} = \dfrac{0 - \dfrac{0.6c}{c^2} \times 10^5}{\sqrt{1-0.6^2}} = -2.5 \times 10^{-4}\ \text{s}$

两事件时间间隔为 2.5×10^{-4} s，x_2 处的事件先发生。

(3) $\Delta x' = x_2' - x_1' = \dfrac{(x_2 - x_1) - u(t_2 - t_1)}{\sqrt{1-(u/c)^2}} = \dfrac{100 \times 10^3 - 0.6c \times 0}{\sqrt{1-(0.6c/c)^2}} = 1.25 \times 10^5\ \text{m}$

2. **解** (1) 设在 K 系中，直杆两端的坐标分别为 $(0,0)$ 和 $(l_0\cos\theta, l_0\sin\theta)$。$\Delta x = l_0\cos\theta$ 为 x 方向的固有长度。

在 K' 系中，

$$\Delta x' = l_0\cos\theta\sqrt{1-1-(u/c)^2}, \quad \Delta y' = l_0\sin\theta$$

杆的长度为

$$l' = \sqrt{\Delta x'^2 + \Delta y'^2} = l_0\sqrt{1 - \dfrac{u^2}{c^2}\cos^2\theta}$$

(2) $\theta' = \arctan\dfrac{\Delta y'}{\Delta x'} = \arctan[\tan\theta(1-(u/c)^2)^{-1/2}]$

3. **解** (1) 设飞船相对于该惯性系的速率为 u，有 $l = l_0\sqrt{1-(u/c)^2}$，得

$$u = c\sqrt{1-(l/l_0)^2} = c\sqrt{1-(4/5)^2} = 3c/5$$

（2）由时间延缓效应

$$\tau = \tau_0 / \sqrt{1-(u/c)^2} = 1/\sqrt{1-(3/5)^2} \ \text{h} = 5/4 \ \text{h}$$

4. **解**　设地球上的钟记录的时间为 τ，火箭上的钟记录的时间为 τ_0，由时间膨胀效应，

$$\tau = \tau_0 / \sqrt{1-(u/c)^2} \tag{1}$$

由题意知

$$\tau - \tau_0 = 2 \ \text{d} \tag{2}$$

解得

$$\tau = \frac{2}{1-\sqrt{1-(u/c)^2}} = \frac{2}{1-\sqrt{1-(\sqrt{5}/3)^2}} \ \text{d} = 6 \ \text{d}$$

5. **解**　由相对论质能关系和动能定理，

$$W = m_2 c^2 - m_1 c^2 = m_0 c^2 \left(\frac{1}{\sqrt{1-(v_2/c)^2}} - \frac{1}{\sqrt{1-(v_1/c)^2}} \right)$$

$$= 9.11 \times 10^{-31} \times 9 \times 10^{16} \times \left(\frac{1}{\sqrt{1-0.8^2}} - \frac{1}{\sqrt{1-0.6^2}} \right) \ \text{J} = 3.42 \times 10^{-14} \ \text{J}$$

电子的质量增加量为

$$\Delta m = \frac{\Delta E}{c^2} = \frac{W}{c^2} = \frac{3.42 \times 10^{-14}}{(3 \times 10^8)^2} \ \text{kg} = 3.80 \times 10^{-31} \ \text{kg}$$

第 14 章　　量子物理基础(一)

一、　填空题

1. 半径为 R 的球表面涂有黑油烟层从而可视为黑体。在表面温度为 T 时,其辐射功率为_____。

2. 某一恒星可视作温度为 6000 K 的黑体,则与该恒星的单色辐射本领 $e_B(\lambda, T)$ 最大值对应的波长约为_____ nm。

3. 若某黑体的温度 T 提高一倍,则其辐出度 E 提高_____倍。

4. 在 X 射线散射实验中,散射角为 45°和 60°的散射线波长变化量的比值为_____。

5. 在康普顿散射中,当波长是 400 nm 的紫光入射时,散射波波长的最大偏移量 $\Delta\lambda =$ _____ nm,它和入射波波长的比值约是_____;当波长是 0.05 nm 的 X 射线入射时,散射波波长的最大偏移量 $\Delta\lambda =$ _____ nm,它和入射波波长的比值约是_____。(各空的数字均保留两位有效数字)

6. 入射的 X 射线光子的能量为 0.6 MeV,被自由电子散射后波长变化了 20%,则反冲电子的动能为_____ MeV。

7. 物理学家戴维孙和汤姆孙因各自的著名的电子衍射实验而获得 1937 年诺贝尔物理学奖。他们的实验均证明了电子具有波动性,这种波叫做_____。

8. 在戴维孙-革末电子衍射实验中,自热阴极 K 发射出的电子束经 $U = 500\text{V}$ 的电压加速后投射到晶体上,这电子束的电子的德布罗意波波长为_____ nm。

9. 一非相对论的自由粒子的动能增加到 4 倍,则相应的德布罗意波波长变为原来的_____倍。

二、　计算题

1. 宇宙背景辐射是来自宇宙空间背景上的各向同性的微波辐射,也称为微波背景辐射。这已成为宇宙起源学说——大爆炸理论的一个重要依据,也是黑体辐射理论的一个重大成果。微波背景辐射的最重要特征是具有黑体辐射谱。科学家已确认其辐射谱对应的温度是 2.7 K。求:(1)宇宙背景辐射单色辐出度 $e_B(\lambda, T)$ 最大值对应的波长 λ_m;(2)宇宙背景每单位表面上所发射的功率。

2. 在加热黑体的过程中,其单色辐出度的最大值所对应的波长由 $0.69~\mu m$ 变化到 $0.50~\mu m$,求在该过程中:(1)黑体的始、末温度 T_1、T_2 分别是多少;(2)黑体的总辐射本领(辐出度)增加了几倍?

3. 用波长为 4000 Å 的紫光照射某种金属,产生的光电子的最大初速度为 5×10^5 m/s。该金属红限频率为多少?

4. 一个静止电子在与一个能量为 4.0×10^3 eV 的光子碰撞过程中获得了最大可能的动能。求此种情况下:(1)光子在散射过程中,波长的增加量 $\Delta\lambda$;(2)散射光子的能量 ε;(3)电子获得的最大动能 E_k。

5. 设康普顿效应中,入射 X 射线的波长 $\lambda_0 = 0.0700$ nm,散射的 X 射线的波长 $\lambda = 0.0724$ nm。求:(1)光子散射角;(2)反冲电子的动能 E_k。

6. 能量为 0.5 MeV 的 X 射线光子击中一个静止电子,电子获得 0.1 MeV 的动能。求:(1)入射光子、散射光子的波长;(2)散射光子运动方向与入射方向的夹角(散射角)。

第 14 章 量子物理基础(二)

一、 填空题

1. 波长为 0.400 nm 的平面光波沿 x 轴正向传播,若波长的相对不确定量 $\Delta\lambda/\lambda = 10^{-6}$,则光子动量的不确定量 $\Delta p_x =$ _____ kg·m/s。

2. 不确定关系 $\Delta x \Delta p \geqslant \dfrac{\hbar}{2}$ 的物理意义表明微观粒子_____同时具有确定的位置和动量。(选"可能""不可能"填写)

3. 在激发能级上的钠原子,发出波长为 589 nm 的光子的时间平均约为 10^{-8} s。根据不确定关系,光子能量的不确定量 $\Delta\varepsilon \geqslant$ _____ J;发射光的波长的不确定量 $\Delta\lambda \geqslant$ _____ m。

4. 设描述微观粒子运动的波函数为 $\Psi(r,t)$,则 $\Psi^*\Psi$ 表示_____;$\Psi(r,t)$ 满足的标准条件是_____;其归一化条件的表达式为_____。

5. 描述微观粒子的运动状态需用波函数,波函数可以通过求解粒子运动所满足的_____得到。

6. 一维谐振子沿 Ox 轴运动,其势能函数 $E_p(x) = \dfrac{1}{2}m\omega^2 x^2$,式中 m、ω 分别为振子的质量和角频率,x 是振子离开平衡位置的位移,则其定态薛定谔方程为_____。

7. 粒子能穿透比其能量更高的势垒的现象,称为_____。

8. 若氢原子处于 $n=3, l=1$ 的激发态,则电子角动量的大小 $L =$ _____。

9. 根据量子力学,当氢原子中电子的角动量 $L = \sqrt{6}\hbar$ 时,则其角量子数为_____;角动量在外磁场方向上的投影 L_z 的可能取值为_____。

10. 玻尔氢原子理论中,电子轨道角动量的最小值为_____;而量子力学理论中,电子轨道角动量的最小值为_____;实验证明_____理论的结果是正确的。

二、 计算题

1. 一维运动的粒子,设其动量的不确定量等于它的动量,试证明此粒子的位置不确定量 Δx 与它的德布罗意波长 λ 之间存在关系式 $\Delta x \geqslant \dfrac{\lambda}{4\pi}$。

2. 波长为 λ 的光波沿 x 轴正向传播,(1)由不确定关系证明光子位置坐标的不确定量 Δx 与波长的不确定量 $\Delta \lambda$ 之间有关系式 $\Delta x \Delta \lambda \geqslant \dfrac{\lambda^2}{4\pi}$;(2)如果 $\lambda = 500$ nm,且测定波长的相对不确定量为 $\Delta\lambda/\lambda = 10^{-7}$,试求同时测定光子坐标的不确定量。

3. 原子处于某激发态的平均寿命 $\Delta t = 10^{-8}$ s。(1)求该激发态的能级宽度 ΔE;(2)若原子从此态跃迁到基态时辐射的光子波长为 5000 Å,求谱线宽度 $\Delta\lambda$。

4. 一电子被限制在宽度为 a 的一维无限深势阱中运动,其定态波函数为

$$\Psi_2(x) = \sqrt{\dfrac{2}{a}} \sin \dfrac{2\pi}{a} x, \quad 0 < x < a$$

$$\Psi_2(x) = 0, \quad x \leqslant 0, x \geqslant a$$

求:(1) 粒子出现的概率密度极大处和为零处的坐标;(2)在 $(0, a/3)$ 区间内,粒子出现的概率 P。

5. 当氢原子中电子的角量子数 $l = 2$ 时,电子角动量 $\boldsymbol{L}$ 与 z 轴的最小夹角和最大夹角。

参 考 解 答

量子物理基础（一）

一、填空题

1. $4\pi R^2 \sigma T^4$

2. 483

3. 15

4. 0.586

5. 4.9×10^{-3}；1.2×10^{-5}；4.9×10^{-3}；0.097

6. 0.1

7. 物质波（或德布罗意波、概率波）

8. 0.055

9. 0.5

二、计算题

1. **解** （1）根据维恩位移定律 $\lambda_m T = b$ 得

$$\lambda_m = \frac{b}{T} = \frac{2.898\times10^{-3}}{2.7}\ \text{m} = 1.07\times10^{-3}\ \text{m}$$

（2）根据斯特藩-玻耳兹曼定律可求出辐出度，即单位表面上的发射功率

$$E_B = \sigma T^4 = 5.67\times10^{-8}\times2.7^4\ \text{W/m}^2 = 3.01\times10^{-6}\ \text{W/m}^2$$

2. **解** （1）由维恩位移定律 $\lambda_m T = b$ 得

$$T_1 = \frac{b}{\lambda_{m1}} = \frac{2.898\times10^{-3}}{0.69\times10^{-6}}\ \text{K} = 4.2\times10^3\ \text{K}$$

$$T_2 = \frac{b}{\lambda_{m2}} = \frac{2.898\times10^{-3}}{0.50\times10^{-6}}\ \text{K} = 5.8\times10^3\ \text{K}$$

（2）由斯特藩-玻耳兹曼定律 $E_B = \sigma T^4$ 得

$$\frac{E_{B2}}{E_{B1}} = \left(\frac{T_2}{T_1}\right)^4 = \left(\frac{\lambda_{m1}}{\lambda_{m2}}\right)^4 = \left(\frac{0.69}{0.50}\right)^4 = 3.63\ \text{倍}$$

即增加了 2.63 倍。

3. **解** 光电子的最大初动能为

$$E_{km} = \frac{1}{2}mv_m^2 = \frac{1}{2}\times9.11\times10^{-31}\times(5\times10^5)^2\ \text{J} = 1.14\times10^{-19}\ \text{J}$$

由光电效应方程 $h\dfrac{c}{\lambda} = E_{km} + h\nu_0$，得红限频率为

$$\nu_0 = \left(\frac{c}{\lambda} - \frac{E_{km}}{h}\right) = \left(\frac{3\times10^8}{4000\times10^{-10}} - \frac{1.14\times10^{-19}}{6.63\times10^{-34}}\right)\ \text{Hz} = 5.78\times10^{14}\ \text{Hz}$$

4. 解 （1）散射角 $\theta = 180°$，即当光子与电子发生正碰而折回，光子能量损失最大，电子获得的动能最大。

$$\Delta\lambda = 2\lambda_C \sin^2\frac{180°}{2} = 2\lambda_C = 4.86 \times 10^{-12}\ \text{m}$$

（2）$\varepsilon = \dfrac{hc}{\lambda} = \dfrac{hc}{\lambda_0 + 2\lambda_C} = \dfrac{hc}{\dfrac{hc}{\varepsilon_0} + 2\lambda_C} = \dfrac{hc\varepsilon_0}{hc + 2\lambda_C\varepsilon_0}$

$$= \frac{6.63 \times 10^{-34} \times 3 \times 10^8 \times 4 \times 10^3 \times 1.60 \times 10^{-19}}{6.63 \times 10^{-34} \times 3 \times 10^8 + 4.86 \times 10^{-12} \times 4 \times 10^3 \times 1.60 \times 10^{-19}}\ \text{J}$$

$$= 6.30 \times 10^{-16}\ \text{J} = 3.94 \times 10^3\ \text{eV}$$

（3）$E_k = \varepsilon_0 - \varepsilon = 0.06 \times 10^3\ \text{eV} = 9.61 \times 10^{-18}\ \text{J}$

5. 解 （1）由 $\Delta\lambda = 2\lambda_C \sin^2\dfrac{\theta}{2}$，得

$$\theta = 2\arcsin\sqrt{\frac{\Delta\lambda}{2\lambda_C}} = 2\arcsin\sqrt{\frac{0.0724 - 0.0700}{2 \times 0.0024}} = \frac{\pi}{2}$$

（2）由能量守恒，电子的动能等于光子减少的能量，即

$$E_k = \frac{hc}{\lambda_0} - \frac{hc}{\lambda} = 6.63 \times 10^{-34} \times 3 \times 10^8 \times \left(\frac{1}{0.07 \times 10^{-9}} - \frac{1}{0.0724 \times 10^{-9}}\right)\ \text{J}$$

$$= 9.42 \times 10^{-17}\ \text{J}$$

6. 解 记散射前、后光子的波长为 λ_0、λ，散射后电子动能为 E_k，散射角为 θ

（1）由光子能量公式 $\varepsilon = \dfrac{hc}{\lambda}$，得

$$\lambda_0 = \frac{hc}{\varepsilon_0} = \frac{6.63 \times 10^{-34} \times 3 \times 10^8}{0.5 \times 10^6 \times 1.60 \times 10^{-19}}\ \text{m} = 2.49 \times 10^{-12}\ \text{m} = 2.49 \times 10^{-2}\ \text{Å}$$

由能量守恒，电子的动能等于光子减少的能量 $E_k = \varepsilon_0 - \varepsilon$，得

$$\varepsilon = \varepsilon_0 - E_k = 0.4\ \text{MeV} = 4\varepsilon_0/5$$

$$\lambda = \frac{hc}{\varepsilon} = \frac{hc}{4\varepsilon_0/5} = \frac{5}{4}\lambda_0 = 3.11 \times 10^{-2}\ \text{Å}$$

（2）$\Delta\lambda = 2\lambda_C \sin^2\dfrac{\theta}{2}$，得

$$\theta = 2\arcsin\sqrt{\frac{\Delta\lambda}{2\lambda_C}} = 2\arcsin\sqrt{\frac{3.11 \times 10^{-2} - 2.49 \times 10^{-2}}{0.0486}} = 41.9°$$

量子物理基础（二）

一、填空题

1. 1.66×10^{-30} $\left(\text{提示：} p = \dfrac{h}{\lambda}, \Delta p_x = \dfrac{h\Delta\lambda}{\lambda^2} = \dfrac{h \times 10^{-6}}{\lambda} = \dfrac{6.63 \times 10^{-34} \times 10^{-6}}{0.4 \times 10^{-9}}\ \text{kg} \cdot \text{m/s}\right)$

2. 不可能

3. 5.25×10^{-27}；9.20×10^{-15} $\left(\text{提示：} \Delta\varepsilon\Delta t \geqslant \hbar/2, \Delta\varepsilon \geqslant \dfrac{\hbar}{2\Delta t}; \varepsilon = \dfrac{hc}{\lambda}, \Delta\varepsilon = \dfrac{hc\Delta\lambda}{\lambda^2}, \Delta\lambda = \right.$

$$\frac{\Delta\varepsilon\lambda^2}{hc} \geqslant \frac{\lambda^2}{hc}\frac{\hbar}{2\Delta t} = \frac{\lambda^2}{4\pi c\Delta t})$$

4. t 时刻粒子出现在 $\boldsymbol{r}$ 处的概率密度（单位体积内出现的概率）；单值、有限、连续；

$$\iiint\limits_V \boldsymbol{\Psi}^* \boldsymbol{\Psi} \mathrm{d}V = 1$$

5. 薛定谔方程

6. $\dfrac{\mathrm{d}^2\boldsymbol{\Psi}}{\mathrm{d}x^2} + \dfrac{2m}{\hbar^2}\left(E - \dfrac{1}{2}m\omega^2 x^2\right)\boldsymbol{\Psi} = 0$

7. 隧道效应

8. $\sqrt{2}\,\hbar$

9. 2；$0, \pm\hbar, \pm 2\hbar$

10. $\hbar$；0；量子力学

二、计算题

1. **证** 由 $p_x = h/\lambda$ 得 $\Delta p_x = \dfrac{h}{\lambda}$，代入不确定关系 $\Delta x\Delta p_x \geqslant \dfrac{\hbar}{2}$，得

$$\Delta x \geqslant \frac{\hbar}{2\Delta p_x} = \frac{h}{4\pi}\times\frac{1}{h/\lambda} = \frac{\lambda}{4\pi}$$

2. **解** （1）证 由 $p = h/\lambda$ 得（取绝对值）

$$\Delta p_x = \frac{\Delta\lambda}{\lambda^2}h$$

代入不确定关系得

$$\Delta x\Delta p_x = \Delta x\frac{\Delta\lambda}{\lambda^2}h \geqslant \frac{\hbar}{2} = \frac{h}{4\pi}$$

即

$$\Delta x\Delta\lambda \geqslant \frac{\lambda^2}{4\pi}$$

（2）由（1）结果 $\Delta x \geqslant \dfrac{1}{4\pi}\dfrac{\lambda^2}{\Delta\lambda} = \dfrac{1}{4\pi}\dfrac{\lambda^2}{(\lambda\times 10^{-7})} = \dfrac{1}{4\times 3.14}\times\dfrac{500\times 10^{-9}}{10^{-7}}$ m ≈ 0.40 m

3. **解** （1）由 $\Delta E\Delta t \geqslant \dfrac{\hbar}{2}$，得

$$\Delta E \geqslant \frac{\hbar}{2\Delta t} = \frac{1.05\times 10^{-34}}{2\times 10^{-8}}\ \text{J} = 5.3\times 10^{-27}\ \text{J}$$

（2）由光子能量公式 $\varepsilon = \dfrac{hc}{\lambda}$ 得（取绝对值）$\Delta\varepsilon = hc\dfrac{\Delta\lambda}{\lambda^2}$，$\Delta\lambda = \dfrac{\lambda^2\Delta\varepsilon}{hc}$

基态能级宽度可视为零，跃迁光子的能量范围 $\Delta\varepsilon$ 即激发态的能级宽度 ΔE，于是

$$\Delta\lambda = \frac{\lambda^2\Delta E}{hc} \geqslant \frac{\lambda^2}{4\pi c\Delta t} = \frac{(5000\times 10^{-10})^2}{4\times 3.14\times 3\times 10^8\times 10^{-8}}\ \text{m} = 6.63\times 10^{-15}\ \text{m} = 6.63\times 10^{-5}\ \text{Å}$$

4. **解** 由概率密度表达式 $w = |\boldsymbol{\Psi}_2(x)|^2 = \dfrac{2}{a}\sin^2\left(\dfrac{2\pi}{a}x\right)\ (0 < x < a)$，得

（1）当 $\sin^2\left(\dfrac{2\pi}{a}x\right) = 1$ 时，x 为概率密度极大处的坐标，解得 $x = \dfrac{a}{4}, \dfrac{3a}{4}$。

当 $\sin^2\left(\dfrac{2\pi}{a}x\right)=0$ 时，x 为概率密度为零即极小处坐标，解得 $x=\dfrac{a}{2}$。

（2） $P=\displaystyle\int_0^{a/3} w(x)\,\mathrm{d}x=\int_0^{a/3}\dfrac{2}{a}\sin^2\dfrac{2\pi x}{a}\,\mathrm{d}x=\dfrac{1}{3}-\dfrac{1}{4\pi}\sin\dfrac{4\pi}{3}=0.40$

5. **解** $L=\sqrt{l(l+1)}\,\hbar=\sqrt{6}\,\hbar$，$L_z=m_l\hbar$，$m_l=0,\pm1,\pm2$，$\cos\theta=L_z/L=m_l/\sqrt{6}=0$，$\pm1/\sqrt{6}$，$\pm2/\sqrt{6}$

最小夹角为

$$\theta_{\min}=\arccos(\sqrt{6}/2)=35.3°$$

最大夹角为

$$\theta_{\max}=\arccos(-\sqrt{6}/2)=144.7°$$